环境噪声监测案例汇编

温香彩　李宪同　主编

U0232433

科学出版社

北京

内 容 简 介

本书针对社会生活噪声、工业企业厂界噪声、交通运输噪声、建筑施工噪声四类噪声选取典型环境噪声监测案例，从监测标准规范确定、监测点位选取、监测数据分析、监测结果评价等全过程对每个监测案例进行详细描述，全方位分析每一个监测案例的可借鉴之处，以及可能存在的不足与改进方案等，为相关人员今后的环境噪声监测工作实践提供丰富的经验。

本书可作为全国省、市、县各级生态环境厅（局）环境管理人员，全国省、市、县各级环境监测站（中心）监测人员，噪声监测专业大中专院校学生，社会化监测机构噪声监测从业人员，环境噪声监测技术培训班学员的参考书。

图书在版编目（CIP）数据

环境噪声监测案例汇编/温香彩,李宪同主编. —北京:科学出版社,2019.6
ISBN 978-7-03-061570-1

Ⅰ.①环⋯ Ⅱ.①温⋯ ②李⋯ Ⅲ.①环境噪声－噪声监测－案例 Ⅳ.①X839.1

中国版本图书馆 CIP 数据核字(2019)第 110531 号

责任编辑：朱 丽 石 珺 / 责任校对：何艳萍
责任印制：吴兆东 / 封面设计：图阅社

科 学 出 版 社 出版
北京东黄城根北街 16 号
邮政编码：100717
http://www.sciencep.com

北京虎彩文化传播有限公司 印刷

科学出版社发行 各地新华书店经销

*

2019 年 6 月第 一 版 开本：787×1092 1/16
2023 年 4 月第五次印刷 印张：9 1/4
字数：220 000
定价：98.00 元
（如有印装质量问题，我社负责调换）

本书编委会

主编　温香彩　李宪同

编委　王　悦　姜春红　胡丹心　张　朋
　　　徐政强　汪　赟　白　煜　宗蕙娟

前　言

噪声污染与水污染、大气污染、土壤污染并称当代社会的四大环境污染。近年来，随着城市建设的迅猛发展和人们对生活环境要求的不断提高，环境噪声扰民投诉突出，平均占环境投诉总量的 3 成以上。党的十九大报告指出，我国社会主要矛盾已经转化为人民日益增长的美好生活需要和不平衡不充分的发展之间的矛盾。噪声污染损害人体健康、影响人们的生活质量、不利于社会安定。因此，加强噪声污染防治已引起各级管理部门、监测部门及广大民众的高度重视。

环境监测是环境管理的顶梁柱，为环境管理提供了重要技术支撑。环境噪声监测是噪声管理决策、声环境质量评价及噪声污染防治的基础，噪声监测的方法和质量控制管理全过程直接关系着环境噪声监测结果的科学性和准确性。因此，探讨科学合理的环境噪声监测技术是环境监测人员一直努力的工作目标。

本书共分为 5 章：第 1 章介绍了我国环境噪声监测概况、环境噪声的危害及投诉，以及环境噪声监测与评价概况，简述了社会生活噪声、工业企业厂界噪声、交通运输噪声、建筑施工噪声四类噪声的监测与评价标准、监测与评价流程及环境噪声监测仪器设备；第 2 章～第 5 章详细介绍了 8 个典型的社会生活噪声监测案例、11 个工业企业厂界噪声监测案例、4 个交通运输噪声监测案例和 2 个建筑施工噪声监测案例，并对每个案例进行深入点评。

本书所汇编的案例代表了我国环境噪声监测技术的应用精华，为读者的学习借鉴提供了经验素材。

本书的编写汇聚了上海市环境监测中心、天津市生态环境监测中心、广州市环境监测中心站、宁波市环境监测中心、沈阳市环境监测中心站、重庆市巴南区生态环境监测站、鞍山市环境监测中心站、呼和浩特市玉泉区生态环境监测站、内蒙古自治区环境监测中心站、肇庆市环境保护监测站（肇庆市环境科学研究所）、上海市杨浦区环境监测站、广元市环境监测中心站、东莞市环境监测中心站、江苏省环境监测中心、上海市浦东新区环境监测站、宜宾市环境监测中心站、呼伦贝尔市环境监测中心站、沈阳市环境保护局皇姑分局环境监测站相关技术人员的辛勤付出。特此表示衷心感谢。

本书涉及的案例较多，篇幅较长，编写时间仓促，在内容上不免存在不足和疏漏之处，敬请各位读者批评指正，我们将不胜感激并定期进行修订，以期不断完善。

编　者

2018 年 12 月

目　　录

第1章 综 述

1.1 我国环境噪声监测概况

按照 1997 年颁布实施的《中华人民共和国环境噪声污染防治法》的规定，环境噪声是指在工业生产、建筑施工、交通运输和社会生活中所产生的干扰周围生活环境的声音。因此，按照噪声来源，环境噪声分为工业企业厂界噪声、社会生活噪声、建筑施工噪声和交通运输噪声（包括道路、铁路、机场、港口及航道噪声等）。

按照工作属性，我国开展的环境噪声监测可以分为声环境常规监测和噪声源监测两类：①声环境常规监测也称例行监测，是指为掌握城市声环境质量状况，生态环境部门所开展的区域声环境监测、道路交通声环境监测和功能区声环境监测。②噪声源监测包括环境影响评价（简称环评）监测、建设项目竣工环境保护验收监测、企业噪声排放监督监测及噪声纠纷的仲裁监测等。噪声源监测为我国从源头控制噪声污染发挥了重要作用。

1.2 环境噪声的危害及投诉

1.2.1 环境噪声的危害

噪声污染对人、动物、仪器仪表及建筑物均构成危害，其危害程度主要取决于噪声的频率、强度及人在噪声中的暴露时间。噪声危害主要包括以下几个方面。

（1）噪声对人体最直接的危害是听力损伤

人们进入强噪声环境中后，暴露一段时间，会感到双耳难受，甚至会出现头痛等感觉。离开噪声环境到安静的场所休息一段时间，听力就会逐渐恢复正常。这种现象叫作暂时性听阈偏移，又称听觉疲劳。但是，如果人们长期在强噪声环境下工作，听觉疲劳不能得到及时恢复，内耳器官会发生器质性病变，即形成永久性听阈偏移，又称噪声性耳聋。若人突然暴露于极其强烈的噪声环境中，听觉器官会发生急剧外伤，引起鼓膜破裂出血，迷路出血，螺旋器从基底膜急性剥离，可能使人耳完全失去听力，即出现爆震性耳聋。

（2）噪声能诱发多种疾病

噪声通过听觉器官作用于大脑中枢神经系统，以至影响全身各个器官，所以噪声除对人的听力造成损伤以外，还会给人体其他系统带来危害。

（3）噪声对正常生活和工作的干扰

噪声对人的睡眠影响极大，人即使在睡眠中，听觉也要承受噪声的刺激。噪声会导致多梦、易惊醒、睡眠质量下降等，突然的噪声对睡眠的影响更为突出。

（4）噪声对动物的影响

噪声能对动物的听觉器官、视觉器官、内脏器官及中枢神经系统造成病理性变化。噪声对动物的行为有一定的影响，可使动物失去行为控制能力，出现烦躁不安、失去常态等现象，强噪声会引起动物死亡。

（5）特强噪声对仪器设备和机械结构的危害

实验研究表明，特强噪声会损伤仪器设备，甚至使仪器设备失效。噪声对仪器设备的影响与噪声强度、频率及仪器设备本身的结构与安装方式等因素有关。当噪声级超过150dB 时，会严重损坏电阻、电容、晶体管等元件。当特强噪声作用于火箭、宇航器等机械结构时，由于受声频交变负载的反复作用，材料会产生疲劳现象而断裂，这种现象叫作声疲劳。

1.2.2　投诉情况

随着社会经济发展和技术进步，人民群众对美好生活环境的要求不断提高，噪声污染投诉量大幅增加。根据《2018 年中国环境噪声污染防治报告》，2017 年共收到环保投诉128.1 万件，其中涉及噪声的投诉55.0 万件（占比 42.9%）。根据 2018 年全国"12369"环保举报情况，噪声污染举报占环境要素举报的第 2 位。第一轮中央环境保护督察群众信访举报中，噪声污染占15%。

1.3　环境噪声监测与评价概况

对于不同类型的噪声，监测与评价依据的标准规范均不相同。目前我国已经制订了工业企业厂界噪声、社会生活噪声、建筑施工噪声三项噪声源的噪声排放标准，分别为《工业企业厂界环境噪声排放标准》（GB 12348—2008）、《社会生活环境噪声排放标准》（GB 22337—2008）和《建筑施工场界环境噪声排放标准》（GB 12523—2011）。交通噪声排放标准尚不完善，如道路交通噪声尚无排放标准，铁路噪声只有铁路边界噪声排放标准即《铁路边界噪声限值及其测量方法》（GB 12525—1990）。

1.3.1　监测与评价标准

1. 社会生活噪声

社会生活噪声广义是指人为活动所产生的除工业企业厂界噪声、建筑施工噪声和交通运输噪声之外的干扰周围生活环境的声音。社会生活噪声包括商业经营活动产生的噪声，文化娱乐业产生的噪声，居民在城市市区街道、广场、公园等公共场所组织娱乐、集会等活动产生的噪声，邻里之间日常生活产生的噪声等。

社会生活环境噪声监测主要指对营业性文化娱乐场所和商业经营活动中产生的环境噪声进行监测，社会生活噪声监测与评价执行《社会生活环境噪声排放标准》（GB 22337—2008）。该标准规定了营业性文化娱乐场所和商业经营活动中可能产生环境噪声污染的设备、设施边界噪声排放限值和测量方法。其适用于对营业性文化娱乐场所、商业经营活动中使用的向环境排放噪声的设备、设施的管理、评价与控制。

营业性文化娱乐场所和商业经营活动场所主要包括：①商业经营场所，如商场商店、集贸市场等；②服务经营场所，如餐饮业等；③文化娱乐场所，如靠近居住区的电影院、剧场、文化场馆、舞厅、KTV 等；④体育场所等。

经营场所设备噪声主要包括：①空调系统噪声，包括空调室外机组、冷却塔等设备噪声；②通风系统噪声，包括通风机组、排风机组、轴流风机等设备噪声；③锅炉房、水泵房等设备噪声；④高层建筑的电梯及电梯间噪声；⑤其他设备噪声，如餐饮业的冷柜、压缩机等设备噪声。

需要说明的是，不是所有的社会生活噪声都能通过噪声监测解决问题。公园中、广场上由群众自发组织的娱乐、集会活动产生的噪声及邻里之间日常生活产生的噪声应由相关噪声管理办法来进行管理，主要通过调解解决。

2. 工业企业厂界噪声

工业企业厂界噪声是指在工业生产活动中使用固定设备等产生的、在厂界处进行测量和控制的干扰周围生活环境的声音。对于该类噪声一般按照《工业企业厂界环境噪声排放标准》（GB 12348—2008）进行监测和评价，该标准适用于工业企业厂界噪声排放的管理、评价及控制，也适用于对外界环境排放噪声的机关、事业单位、团体等。该标准明确了"工业企业厂界"的概念，因此把握好工业企业厂界是准确执行该标准的核心。

该标准是使用频率较高的噪声排放标准，主要涉及环保验收、信访投诉及各类委托等不同类型监测。

3. 建筑施工噪声

建筑施工噪声是指在建筑施工过程中产生的干扰周围生活环境的声音。随着我国经济的迅速发展，城市化进程的加快，我国城市中各类建筑施工规模不断增长。相对于工业企业厂界噪声、社会生活噪声、交通运输噪声，建筑施工噪声具有临时性、局部性、高强度等特点，特别是夏季夜间施工经常引起周围居民的投诉，对于该类噪声的管理重点是夜间施工审批严格把关，解决周围居民的投诉问题。

建筑施工噪声监测与评价执行《建筑施工场界环境噪声排放标准》（GB 12523—2011），施工期间，测量连续 20min 的等效 A 声级，夜间同时测量最大声级。

建筑施工噪声监测与评价容易出现标准使用混淆的问题。建筑施工噪声通常会引起公众投诉，在解决投诉时有的监测机构会按照当地声环境功能区划分，根据《声环境质量标准》（GB 3096—2008）进行评判，这样的做法是错误的。按照《中华人民共和国环境噪声污染防治法》的规定，建筑施工噪声的排放一律遵循排放标准，即使居民离施工场地较远，如果有居民反映建筑施工噪声对其带来了干扰，就要依照建筑施工噪声排放标准进行评判。

4. 交通运输噪声

（1）道路交通噪声

对于道路交通噪声，我国尚未出台相关噪声排放标准。监测道路交通噪声时应参照《声环境质量标准》（GB 3096—2008），对敏感建筑物户外声环境质量进行监测，昼间、夜间各测量不低于平均运行密度的 20min 等效 A 声级。

（2）轨道交通噪声

对于轨道交通（地面段）噪声、内河航道噪声监测同样参照《声环境质量标准》（GB 3096—2008），对敏感建筑物户外声环境质量进行监测，昼间、夜间各测量不低于平均运行密度的 1h 等效 A 声级，若轨道交通（地面段）的运行车次密集，测量时间可缩短至 20min。

对于轨道交通（地下段）引起的住宅建筑物室内噪声监测，执行《城市轨道交通引起建筑物振动与二次辐射噪声限值及测量方法标准》（JGJ/T 170—2009），昼间、夜间各测量应不低于平均运行密度 1h 的 16～200Hz 等效 A 声级，夜间测量时间内通过的列车应不少于 5 列；或者执行本地有针对性的标准，如上海市的《城市轨道交通（地下段）列车运行引起的住宅建筑室内结构振动与结构噪声限值及测量方法》（DB 31/T 470—2009）。

（3）铁路交通噪声

对于铁路交通噪声监测，一方面要执行《铁路边界噪声限值及其测量方法》（GB 12525—1990），在铁路外侧轨道中心线 30m 处，分别在昼间、夜间进行铁路交通噪声排放监测；另一方面要参照《声环境质量标准》（GB 3096—2008），对敏感建筑物户外声环境质量进行监测，昼间、夜间各测量不低于平均运行密度的 1h 等效 A 声级。

（4）机场周围飞机噪声

机场周围飞机噪声监测是指对机场周围区域飞机"通过"（起飞、降落、低空飞越）噪声的监测，并提出对机场周围区域不同土地利用类型的飞机噪声控制要求。现行的机场周围飞机噪声测量及评价标准是《机场周围飞机噪声测量方法》（GB/T 9661—1988）和《机场周围飞机噪声环境标准》（GB 9660—1988）。将一昼夜的计权等效连续感觉噪声级作为评价量，用 LWECPN 表示，单位为 dB。不同划定区域的标准值为：一类区域，即特殊住宅区、居住区、文教区的标准值小于等于 70dB；二类区域是除一类区域以外的生活区，适用的区域地带范围由当地人民政府划定，标准值小于等于 75dB。

需要注意的是，要求测量的飞机噪声级最大值至少超过环境背景噪声级 20dB，测量结果才被认为可靠。

1.3.2　监测与评价流程

（1）明确监测对象和监测目的，确定监测标准和监测依据

例如，监测对象属于哪类噪声，监测目的属于验收监测、扰民信访监测、委托监测中的哪一种，从而确定监测标准和监测依据。

（2）收集相关资料

收集项目法律文书（如土地使用证、房产证、租赁合同等）、环评报告、批复意见及相关资料，确定业主所拥有使用权（或所有权）的场所或建筑物边界、地理位置、周围区域声环境功能区类别、生产工艺等，通过现场踏勘了解主要噪声类型、数量、位置、噪声敏感点位置，声源运行工况，运行周期时间（昼间、夜间等），声源类型（稳态、非稳态等），等等，根据相关噪声监测标准、环保批复、相关合同等要求编写监测方案。

（3）确定监测点位，开展现场监测

根据收集到的相关资料，确定监测位置、监测时间、监测时长、监测频次、监测点位数量等。选择合适的监测仪器，在满足测量条件时开展现场监测，填写监测记录。

（4）测量结果评价

根据相关标准要求记录监测结果，进行背景噪声修正（根据需要）取整后对标评价。

1.3.3　环境噪声监测仪器设备

从监测手段来看，目前我国噪声监测以人工监测为主，以自动监测为辅。常用的环境噪声监测仪器设备为声级计、声校准器，以及风速仪、定位系统、计数器等其他辅助设备。

1. 声级计、声校准器

测量仪器为积分平均声级计或环境噪声自动监测仪，其性能应不低于 GB/T 3785 对 2 级仪器的要求。测量 35 dB 以下的噪声应使用 1 级声级计，且测量范围应满足所测量噪声的需要。校准所用仪器应符合《电声学 声校准器》（GB/T 15173—2010）对 1 级或 2 级声校准器的要求。当需要进行噪声的频谱分析时，仪器性能应符合《电声学 倍频程和分数倍频程滤波器》（GB/T 3241—2010）中对滤波器的要求。

结构传播固定设备测量应符合 GB/T 3785 要求的 1 级实时噪声频谱分析仪，能够同时测量等效连续 A 声级和倍频带声压级。

注意事项如下。

1）1 级声校准器可用于校准 1 级或 2 级声级计，2 级声校准器只能用于校准 2 级声级计。

2）声级计和声校准器需要定期检查，并在检查有效期内使用。

3）声级计损坏会影响测量精度（如传声器膜破损），维修并重新检定合格后方能使用。

4）在高原地区，部分声校准器在使用时需要对气压影响进行修正。

2. 配件

在环境噪声监测中声级计还必须配套一些附件使用：

1）防风罩（风球）：在户外测量时，传声器应加防风罩，减少风噪声的影响。

2）传声器延长线：手持式声级计的传声器一般直接连接在主机上，在传声器和主机间安装延长线可延伸测量范围，如在高空或窗外 1m 处布设传声器等。

3）三脚架及延长杆：声级计在测量时应固定在三脚架上。使用延长线监测时，可使用延长杆固定传声器。

4）户外监测箱：户外监测箱具有防风防雨、电力保障、坚固安全等特点，在户外监测，特别是连续昼夜监测时使用较便利。

3. 其他辅助设备

（1）风速仪

风速仪是测量风速的仪器。风速是环境噪声监测需要考虑的重要气象因素，相关标准都规定环境噪声监测时风速要小于 5m/s，因此必须在现场测量风速。常用的风速仪种类有风杯风速计、螺旋桨式风速计和热线风速计等。风速仪也应定期送到计量部门检定校准。

（2）定位系统

环境噪声监测位置的选定非常关键，如按照《环境噪声监测技术规范城市声环境常规监测》（HJ 640—2012）的规定，每个声环境质量常规监测点位都应在固定的位置，因此，必须配备定位系统设备现场定位。声级计中可加装定位系统，可以使位置信息与声学测量数据同步测量和储存。

（3）计数器

在道路交通声环境监测时要求分类（大型车、中小型车）记录监测期间的车流量。城市道路车流量大、车速快，为了准确测量，在手工监测时可使用便携计数器等计数工具辅助开展监测，在自动监测时可采用车流量识别系统自动记录。

第2章　社会生活噪声监测案例

2.1　酒吧及歌舞厅夜间结构传播固定设备噪声扰民监测

本节案例讲述了两家不同类型的营业性娱乐场所同时运行时，其音响设备对同栋楼楼上住宅的影响，强调了测量前要进行详细的噪声源现场调查，并在监测期间尽量排除或降低非投诉噪声源的干扰，要求两家不同类型的营业性娱乐场所在监测期间正常营业，对其结构传播固定设备室内噪声等效 A 声级及倍频带声压级进行监测，并于企业结束营业后进行背景噪声监测，明确主体责任。

2.1.1　事 件 描 述

某环境监测机构开展某小区业主对该小区楼下 A 酒吧和 B 歌舞厅夜间营业时音响设备噪声扰民的夜间投诉监测。

2.1.2　监 测 依 据

1)《社会生活环境噪声排放标准》（GB 22337—2008）。
2)《环境噪声监测技术规范　噪声测量值修正》（HJ 706—2014）。
3)《环境噪声监测技术规范　结构传播固定设备室内噪声》（HJ 707—2014）。

2.1.3　监 测 方 案

1. 基本情况

经监测人员实地调查，投诉业主所在小区位于某商业广场楼上。该商业广场是一个三层楼高的商住综合体，1 楼主要为 A 酒吧及商场、商铺，2 楼主要为 B 歌舞厅、商务酒店、足浴城和其他商户，3 楼为独栋别墅式住宅小区，即投诉业主所在小区。A 酒吧位于商业广场 1 楼东南角，B 歌舞厅位于商业广场 2 楼西南面（图 2.1），均位于 3 楼住宅小区的正下方。

商业广场内的普通商户在每天 22:00 后均全部停业下班，22:00 后仍继续营业的主要有 A 酒吧、B 歌舞厅、商务酒店、足浴城及位于 1 层的部分临街商户。

位于商业广场 3 楼东南片区的小区住户主要投诉 A 酒吧营业时音响产生的低音轰鸣声，而位于西南片区的小区住户主要投诉 B 歌舞厅营业时的音响声。

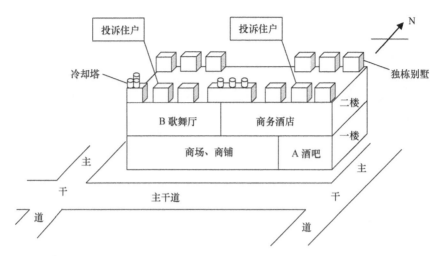

图 2.1　声源分布立体示意图

2. 现场调查

（1）可疑声源调查

根据现场调查情况，商业广场住户周边声源情况见表 2.1。

表 2.1　商业广场住户周边声源情况调查表

序号	主要声源	声源分析
1	A 酒吧为蹦迪类酒吧，营业时主要为音响低音炮发出的"砰砰"声	声音明显
2	B 歌舞厅为 KTV，营业时主要为音响声	声音明显
3	人员行走产生的噪声	声音明显
4	2 楼商务酒店管理方的空调外挂机运行时产生的噪声，位于商业广场 3 楼南面楼顶	声音明显
5	位于商业广场 3 楼南面楼顶的 3 个冷却塔和西南面楼顶的 3 个冷却塔运行时产生的噪声，这 6 个冷却塔主要为商务酒店和 B 歌舞厅的中央空调制冷服务	声音不明显，难识别
6	围绕商业广场的主干道车辆通过时产生的交通噪声	声音明显
7	商业广场 1 层临街的商户及 2 层沐足城空调外挂机运行时产生的噪声	声音不明显，难识别
8	整个商业广场共有 10 个升降电梯，电梯曳引机运行时产生的噪声	声音不明显，难识别
9	小区部分住户加装的加压水泵运行时产生的噪声	声音不明显，难识别

（2）可疑声源识别

在开展正式监测前，选取两个晚上对商业广场 3 楼进行摸底监测，由摸底监测数据和投诉住户在家中的实地感受，得出以下结论。

1）住户的加压水泵可以在监测时关闭，避免对监测数据的影响。

2）商业广场周边道路，特别是靠近投诉住户所在小区的道路，在夜间 23:00 后，已基本没有车流。因此，为避免交通噪声的影响，可选取 23:00 以后的时段进行监测。

3）在受测住户关闭门窗的情况下，商用的空调外挂机、冷却塔及升降电梯等设备产生的声音，在受测住户室内感受不明显。在正式监测时，可作为噪声背景值进行测量。

4）在关闭受测住户门窗、室内所有电器的情况下，在商业广场 3 楼东南片区的住户室内，能清楚听到 A 酒吧营业时音响产生的低音轰鸣声，其余声音感受不明显；而在西南片区的住户室内，能清楚听到 B 歌舞厅营业时的音响声，其余声音感受不明显。因此，判定 3 楼东南片区的住户室内声环境主要受 A 酒吧设备噪声的影响，西南片区的住户室内声环境主要受 B 歌舞厅音响声的影响。

5）综合现场调查及摸底监测结果，与投诉住户反映的情况一致。

2.1.4　监　测　方　法

1. 监测布点

根据现场调查及摸底监测结果，在 A 酒吧和 B 歌舞厅边界处进行监测，所得监测结果不能反映其对投诉业主住宅的影响，所以首选在投诉业主住宅室内布点。

1）布点原则：住宅室内测点的选择首选投诉对象的住宅内，其次选择现场踏勘确定的受 A 酒吧或 B 歌舞厅音响等固定设备结构传声影响较重的居民室内。以需要安静的卧室为首选布点房间，若卧室不适合布点或居民不同意卧室监测，则选择客厅布点监测。

2）监测布点：原计划在 A 酒吧及 B 歌舞厅上方各选两个投诉住户的 2 楼卧室进行监测，但在实际监测期间，位于 A 酒吧上方的其中 1 个住户临时不同意入户监测，而 B 歌舞厅上方两个投诉住户也不同意在其卧室进行监测，所以最终在 A 酒吧正上方的投诉住户（1016 房间）2 楼卧室内布设 1 个测点，即 3#测点；在 B 歌舞厅正上方的两个投诉住户（913 房间和 916 房间）1 楼客厅内各布设 1 个测点，即 1#测点和 2#测点，详见图 2.2。

在制订监测方案时，为明确主体责任，原计划根据不同工况进行监测，即让 A 酒吧及 B 歌舞厅分别停业，在只有其中一家企业正常营业时监测全部点位，得出明确区分责任的监测数据。

前期在该商住楼的物业管理部门协调下，监测期间其中一家企业停业，另外一家企业营业。但投诉住户反映，监测时营业的企业工况比平时明显好转，并对监测结果提出了质疑。另外，也会导致在通知其中一家企业停业后，另一家企业察觉可能有执法监测，从而两家企业同时停业，无法进行正常噪声监测。鉴于这种情况，最后决定在两家企业正常营业高峰时段进行同步监测，保证投诉者的主观感受与实际监测工况一致，最终通过监测结果来判断是否需要采取强硬措施开展监测。

2. 监测参数

监测参数为等效 A 声级、倍频带声压级和最大 A 声级。

3. 监测时段

1）根据 A 酒吧和 B 歌舞厅的营业特点（通常在 22:00 至次日 2:00 B 歌舞厅及 A 酒吧客人最多），并结合前期的调查情况（23:00 后周边道路基本没有车流），确定本次监测主要针对夜间噪声，主要监测时段为 23:00 至次日 2:00，确定监测时段后，征得投诉业主的同意。

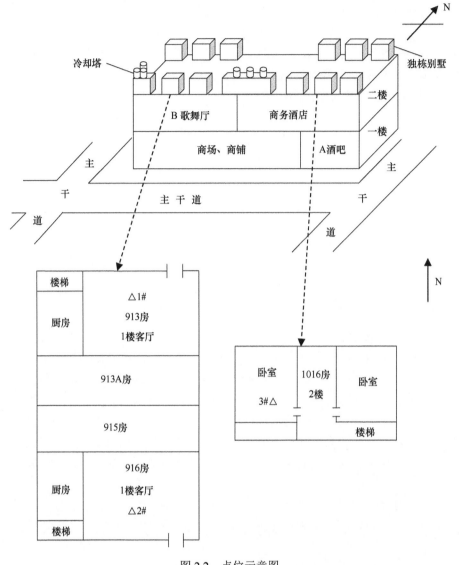

图 2.2　点位示意图

△代表敏感点处噪声测点

2）由于被测声源是非稳态噪声，且为音响设备声音，经多次试测量，监测时间以一首歌曲的时间长度为基准（约 5min）。

4. 测量仪器

1）AWA6228 型多功能声级计、BSWA308 型多功能声级计，均为 1 级声级计，具备实时频谱分析功能。

2）AWA6223 型声校准器，为 1 级声校准器。

3）声级计和声校准器均在检定有效使用期限内；在该次监测中，监测前两台声级计校准值均为 93.8dB，监测后校验值分别为 93.9dB、93.7dB，符合标准规定的前后示值偏差小于 0.5dB 的要求。

5. 测量条件

1）监测当天的测量条件：无雨雪、无雷电，风速 1.0m/s，符合标准要求。

2）在住户内实施监测前，先关闭各住户自行加装在室外的加压水泵，然后关紧被测住户的门、窗，关闭被测室内所有可能干扰噪声测量的声源（如电视机、空调机、风扇、镇流器等发声的设施），排除被测房间及周边环境中其他人为噪声、震动干扰，如走动、说话等。测点距离墙壁超过 0.5m，距离外窗超过 1m，距离地面 1.2m。

3）由于本次案件的特殊性，结合前期调查情况，本次监测为突击检查型执法监测，行动前保密，不能提前通知 A 酒吧和 B 歌舞厅，所以当天被投诉企业均为正常营业。监测过程中，全程连续不间断跟拍录像。

6. 背景噪声测量

A 酒吧和 B 歌舞厅无法在短时间内停止噪声的排放，背景噪声在两家娱乐场所结束营业后（2:00 以后）进行测量。背景噪声的监测点位及声环境条件与噪声源监测时基本保持一致。

2.1.5　监测标准分析

被投诉噪声属于《社会生活环境噪声排放标准》（GB 22337—2008）规定的社会生活噪声。根据声环境功能区划，该投诉业主生活的小区属于 2 类声环境功能区。

投诉业主室内执行《社会生活环境噪声排放标准》（GB 22337—2008）中规定的结构传播固定设备室内噪声 2 类排放限值，其中：

1）受 A 酒吧影响的投诉房间为卧室，属于 A 类房间。

2）受 B 歌舞厅影响的投诉房间为客厅，属于 B 类房间。

具体排放限值见表 2.2。

表 2.2　结构传播固定设备室内噪声排放限值

声环境功能区类别	房间类型	时段	最大 A 声级/［dB（A）］	等效 A 声级/［dB（A）］	倍频带声压级/dB				
					31.5 Hz	63 Hz	125 Hz	250 Hz	500 Hz
2 类区	A 类房间	夜间	45	35	72	55	43	35	29
	B 类房间	夜间	50	40	76	59	48	39	34

2.1.6　监测结果

根据《环境噪声监测技术规范　噪声测量值修正》（HJ 706—2014）中的有关要求对测量结果进行修正，噪声监测结果见表 2.3、表 2.4。

表 2.3 A 酒吧结构传播固定设备室内噪声监测结果表

监测点位	测量时段	数据类型	最大 A 声级/[dB（A）]	等效 A 声级/[dB（A）]	倍频带声压级/dB				
					31.5Hz	63Hz	125Hz	250Hz	500Hz
3#（商业广场小区1016房2楼卧室）	0:41～0:46	噪声测量值	49.5	42.6	53.2	71.0	47.4	33.8	25.4
	2:20～2:25	背景噪声值	—	27.6	45.4	50.9	40.4	31.1	20.3
	修约结果		50	43	52	71	46	31	23
	评价		超标5dB（A）	超标8dB（A）	达标	超标16dB	超标3dB	达标	达标

注：表中最大 A 声级数据仅做修约，未做修正。

表 2.4 B 歌舞厅结构传播固定设备室内噪声监测结果表

监测点位	测量时间	数据类型	最大 A 声级/[dB（A）]	等效 A 声级/[dB（A）]	倍频带声压级/dB				
					31.5Hz	63Hz	125Hz	250Hz	500Hz
1#（商业广场小区913房1楼客厅）	1:16～1:21	噪声测量值	48.7	38.8	52.1	54.7	53.9	40.2	34.6
	2:45～2:50	背景噪声值	—	30.1	49.3	42.0	33.2	30.7	26.4
	修约结果		49	38	49	55	54	39	34
	评价		达标	达标	达标	达标	超标6dB	达标	达标
2#（商业广场小区916房1楼客厅）	1:04～1:09	噪声测量值	46.9	38.7	53.4	59.0	52.9	39.6	30.4
	2:35～2:40	背景噪声值	—	27.9	50.3	48.3	34.3	27.4	22.5
	修约结果		47	39	50	59	53	40	29
	评价		达标	达标	达标	达标	超标5dB	超标1dB	达标

注：表中最大 A 声级数据仅做修约，未做修正。

2.1.7 结果评价

根据监测结果及相关排放标准，监测机构分别出具两份监测报告，并结合噪声实际排放情况分别对两家企业进行评价。

1. 以 A 歌舞厅为监测对象的监测结果评价

（1）等效 A 声级

位于 A 酒吧正上方的 3#测点商业广场小区 1016 房 2 楼卧室的等效 A 声级不符合《社会生活环境噪声排放标准》（GB 22337—2008）中结构传播固定设备室内噪声排放限值 2 类中 A 类房间夜间标准的要求，超标 8dB（A）。

（2）倍频带声压级

位于 A 酒吧正上方的 3#测点商业广场小区 1016 房 2 楼卧室不符合《社会生活环境噪声排放标准》（GB 22337—2008）中结构传播固定设备室内噪声排放限值（倍频带声压级）2 类中 A 类房间夜间标准的要求，在倍频带中心频率为 63Hz 和 125Hz 时倍频带声压级分别超标 16dB 和 3dB。

（3）最大 A 声级

位于 A 酒吧正上方的 3#测点商业广场小区 1016 房 2 楼卧室的最大 A 声级超过《社会生活环境噪声排放标准》（GB 22337—2008）中结构传播固定设备室内噪声排放限值 2 类中 A 类房间夜间标准限值的幅度高于 10dB（A），不符合要求。

2. 以 B 歌舞厅为监测对象的监测结果评价

（1）等效 A 声级

位于 B 歌舞厅正上方的 1#测点商业广场小区 913 房 1 楼客厅、2#测点商业广场小区 916 房 1 楼客厅的等效 A 声级均符合《社会生活环境噪声排放标准》（GB 22337—2008）中结构传播固定设备室内噪声排放限值 2 类中 B 类房间夜间标准的要求。

（2）倍频带声压级

1）位于 B 歌舞厅正上方的 1#测点商业广场小区 913 房 1 楼客厅不符合《社会生活环境噪声排放标准》（GB 22337—2008）结构传播固定设备室内噪声排放限值（倍频带声压级）2 类中 B 类房间夜间标准的要求，在倍频带中心频率为 125Hz 时倍频带声压级超标 6dB。

2）位于 B 歌舞厅正上方的 2#测点商业广场小区 916 房 1 楼客厅不符合《社会生活环境噪声排放标准》（GB 22337—2008）结构传播固定设备室内噪声排放限值（倍频带声压级）2 类中 B 类房间夜间标准的要求，在倍频带中心频率为 125Hz 和 250Hz 时倍频带声压级分别超标 5 dB 和 1dB。

（3）最大 A 声级

位于 B 歌舞厅正上方的 1#测点商业广场小区 913 房 1 楼客厅、2#测点商业广场小区 916 房 1 楼客厅的最大 A 声级超过《社会生活环境噪声排放标准》（GB 22337—2008）中结构传播固定设备室内噪声排放限值 2 类中 B 类房间夜间标准限值的幅度不高于 10dB（A），符合要求。

2.1.8　案例点评

本节案例主要优缺点如下。

1）提前做好详细的噪声源调查及分析，确定可疑声源及干扰声源，为正式开展监测做好充分准备。

2）根据噪声源调查的情况，采取有效措施逐一对干扰声源进行排除或降至最低影响，使监测数据更能客观反映实际噪声排放情况。

3）吸取经验教训，及时调整监测方案，使被投诉的两家娱乐场所的营业工况在监测期间真实可信，最终得到投诉方的认同。

4）进行结构传播固定设备室内噪声监测，不同声源发出的噪声在不同的频段有不同的特征值，建议做好声源的频谱分析，便于排除失真数据和及时调整监测方案。

5）同一个投诉小区同时有两个或两个以上噪声污染源且距离较近，各噪声源相互影响，应创造条件对两个声源的影响分别进行监测，以确定各声源的准确影响。

6）"最大 A 声级"是测量时段内的瞬时最大值，如果有背景噪声干扰，则测得的"最大 A 声级"不一定是声源的最大值，所以应确定测量结果是否受背景噪声干扰。

作者信息：
温中力［肇庆市环境保护监测站（肇庆市环境科学研究所）］
王华冰［肇庆市环境保护监测站（肇庆市环境科学研究所）］
胡丹心（广州市环境监测中心站）

2.2　住宅楼电梯设备噪声扰民监测

本节案例中居民楼室内受低频噪声影响且声源为混合声源。原环境保护部环函〔2011〕88 号，规定《工业企业厂界环境噪声排放标准》（GB 12348—2008）和《社会生活环境噪声排放标准》（GB 22337—2008）两项标准都不适用于居民楼内为本楼居民日常生活提供服务而设置的设备（如电梯、水泵、变压器等设备）产生噪声的评价，对于该类投诉无据可依，本节案例依据《上海市社会生活噪声污染防治办法》中的相关规定，将《社会生活环境噪声排放标准》（GB 22337—2008）作为本次监测的依据。

2.2.1　事件描述

某小区业主投诉小区物业电梯噪声污染，并伴有间断性的嗡嗡声，不能确定其来源。监测人员根据法院委托到投诉人家中进行实地勘察，该楼为小区门面楼，共 6 层，其 1～3 层租赁给某教育培训机构作为办公用房。投诉人住宅位于 4 层。经现场调查，除电梯噪声以外，居民所述间断性的嗡嗡声来源于该楼地下室内水泵房水泵运行时产生的噪声。具体见图 2.3。

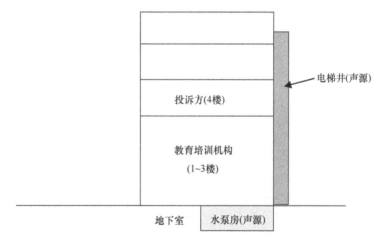

图 2.3　现场位置关系示意图

2.2.2　监测依据

原环境保护部环函〔2011〕88 号文对该类问题的复函规定《工业企业厂界环境噪声排放标准》（GB 12348—2008）和《社会生活环境噪声排放标准》（GB 22337—2008）不适用于居民楼内为本楼居民日常生活提供服务而设置的设备（如电梯、水泵、变压器等设备）产生噪声的评价，《中华人民共和国环境噪声污染防治法》也未规定这类噪声适用的环保标准。按照该复函的要求，原则上无法依据《社会生活环境噪声排放标准》

（GB 22337—2008）开展监测评价。

但是，2013 年 3 月 1 日上海市实施的《上海市社会生活噪声污染防治办法》中第十条（住宅小区公用设施噪声污染防治）对该类问题有专门规定：既有住宅小区内公用设施排放的噪声不符合社会生活环境噪声排放标准的，公用设施所有权人应当采取有效措施进行治理。

因此，本次监测根据《上海市社会生活噪声污染防治办法》中第十条（住宅小区公用设施噪声污染防治）的规定，将《社会生活环境噪声排放标准》（GB 22337—2008）作为本次监测的依据。

2.2.3 监测方案

1. 主要声源分析

现场监测人员勘察后发现，该户居民不仅受到电梯运行时的噪声影响，还受到小区地下室水泵房水泵运行产生的噪声影响。因此确定主要噪声源为电梯运行时的噪声和水泵噪声引起的结构传播噪声。

2. 执行标准分析

依据《关于颁布上海市环境噪声标准适用区划的通知》的规定，该小区所属声环境功能区类型为 2 类区。监测标准依据《社会生活环境噪声排放标准》（GB 22337—2008）2 类区室内 A 类房间，等效 A 声级昼间 45 dB（A）、夜间 35 dB（A）的标准。

结构传播固定设备室内噪声排放限值（倍频带声压级）见表 2.5。

表 2.5　结构传播固定设备室内噪声排放限值（倍频带声压级）　　　（单位：dB）

声环境功能区类别	时段	房间类型	室内噪声倍频带声压级限值				
			31.5Hz	63Hz	125Hz	250Hz	500Hz
2 类区	昼间	A 类房间	79	63	52	44	38
	夜间		72	55	43	35	29

对于在噪声测量期间发生非稳态噪声（如电梯噪声等）的情况，最大声级超过限值的幅度不得高于 10dB（A）。

3. 监测内容

由于是混合声源，在现场监测时，采取逐一控制声源排放的措施分别进行监测。

1）监测电梯运行时的噪声排放值，此时关闭水泵。

2）监测水泵运行时的噪声排放值，此时关闭电梯。

3）监测水泵和电梯同时运行时的噪声排放值。

4）背景噪声：监测水泵和电梯同时关闭时的噪声排放值。

4. 监测时段

分昼间监测和夜间监测两个时段。昼间时段选择 10:00～11:00，夜间时段选择

22:00～23:00。

5. 监测仪器

AWA6228 型噪声统计分析仪（1 级），在检定有效期内。

BK4230 型声级校准器（1 级），在检定有效期内。

6. 监测点位

按照《社会生活环境噪声排放标准》（GB 22337—2008）中 5.3.3.4 测点布设要求"社会生活噪声排放源的固定设备结构传声至噪声敏感建筑物室内，在噪声敏感建筑物室内监测时，测点应距任一反射面至少 0.5m 以上、距地面 1.2m、距外窗 1m 以上，窗户关闭状态下测量。被测房间内的其他可能干扰监测的声源（如电视机、空调机、排气扇以及镇流器较响的日光灯、运转时出声的时钟等）应关闭"，经投诉方确认后，选择主卧的卧室中央（A 类房间）布设 1#测点（图 2.4）。

主要声源 1 电梯与主卧和次卧相邻，主要声源 2 水泵房位于靠近主卧一侧的下方地下室内。

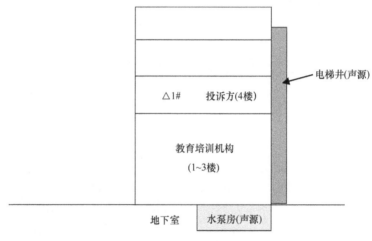

图 2.4　测点示意图
△代表敏感点处噪声测点

7. 监测条件

1）背景值测量：根据监测需要，联系物业，在水泵和电梯未开启时进行背景值测量。

2）控制电梯每层停靠，从底层至顶层连续运行。电梯运行时为非稳态声源，因此，选择电梯自下而上及自上而下两种运行方式作为监测工况。

3）水泵运行时为非稳态声源，根据现场勘察情况，将蓄水池放空 20%水量后，使其持续进水运作，选择 10min 为一周期进行测量。

4）在现场监测时，关闭室内其他噪声源，如冰箱、空调、日光灯等，以及防止人为产生噪声和振动，如要求居民停止做家务、停止走动等。

5）测量前仪器校准值为 93.8dB，测量后校验值为 93.8dB。

6）其他测试条件依照《社会生活环境噪声排放标准》（GB 22337—2008）中对测试条件的相关规定执行。

2.2.4 监 测 结 果

现场监测结果见表 2.6、表 2.7。

表 2.6 等效 A 声级监测结果表 ［单位：dB（A）］

测点编号	测点位置	主要噪声源	监测时段	L_{eq} 实测值	L_{eq} 背景值	修约结果	标准	L_{max}	标准
1#	401室主卧室内中央	电梯	昼间	51.6	35.6	52	45	62	55
			夜间	48.8	31.2	49	35	62	45
		水泵	昼间	42.6	35.6	43*	45	48*	55
			夜间	35.2	31.2	35*	35	49	45
		电梯、水泵	昼间	52.6	35.6	53	45	63	55
			夜间	49.5	31.2	50	35	63	45

*为达标数据，按照《环境噪声监测技术规范 噪声测量值修正》（HJ 706—2014）要求仅做修约，未做修正。

表 2.7 倍频带声压级测量结果表 （单位：dB）

测点编号	测点位置	主要噪声源	监测时段	倍频带声压级				
				31.5Hz	63Hz	125Hz	250Hz	500Hz
1#	401室主卧室内中央	电梯	昼间	58.2	40.2	36.6	41.0	39.3
			夜间	58.6	40.0	36.5	41.5	39.5
		水泵	昼间	48.6	36.6	32.6	35.8	38.2
			夜间	48.2	35.8	32.2	32.4	28.5
		电梯、水泵	昼间	59.8	42.2	38.0	41.6	40.2
			夜间	59.6	41.7	37.1	42.4	40.1
		背景值	昼间	50.6	35.5	30.2	32.1	26.8
			夜间	50.1	35.4	30.2	31.6	26.5
修约结果		电梯	昼间	58*	40*	37*	41*	39
			夜间	59*	40*	36*	40	40
		水泵	昼间	49*	37*	33*	36*	38*
			夜间	48*	36*	32*	32*	28*
		电梯、水泵	昼间	60*	42*	38*	42*	40
			夜间	60*	42*	37*	42	40

*为达标数据，按照《环境噪声监测技术规范 噪声测量值修正》（HJ 706—2014）要求仅做修约，未做修正。

2.2.5 结 果 评 价

仅电梯运行时，测点等效 A 声级昼间、夜间测量值均超标，最大 A 声级昼间、夜间测量值均超标，且昼间在倍频带中心频率为 500Hz 处的倍频带声压级超标，夜间在倍频带中心频率为 250Hz 和 500Hz 处的倍频带声压级超标。

仅地下室水泵房的水泵运行时，测点夜间的最大 A 声级超标。

电梯、水泵同时运行时，测点等效 A 声级昼间和夜间扣除背景值后的测量值均超标，且最大 A 声级也超标。昼间在倍频带中心频率为 500Hz 处的倍频带声压级超标，夜间在倍频带中心频率为 250Hz 和 500Hz 处的倍频带声压级超标。

2.2.6　思　　考

由结构传播引起的室内低频噪声污染一直是困扰居民的环境问题。由于居民社区内大多噪声源，如水泵、电梯、喷淋房、楼顶中央空调机组等，其所有权均属于社区居民，而我国目前并无相关的国家标准可依。因此在进行相关监测时，首先要确认其物权归属。

《上海市社会生活噪声污染防治办法》填补了《社会生活环境噪声排放标准》（GB 22337—2008）的空白，但并未扩大其适用范围，而是在协调各部门参与环境噪声管理方面给出了依据，虽然监测结果显示"超标"，但监测结果并不作为处罚依据，而是作为督促物业整改的依据。

最终法院督促物业对电梯和水泵进行改造，协调当事人与物业达成了和解。

2.2.7　案例点评

1）本节案例依据《上海市社会生活噪声污染防治办法》中的相关规定，对居民住宅小区内某住宅受到的电梯、水泵运行产生的结构传播噪声影响开展了现场调查和监测工作，依据充分，突破了现行环境噪声排放标准不适用的局限。

2）案例提出混合声源的测试方法，最大限度减少其他声源的干扰，使监测数据更加客观准确，同时有利于判别声源的影响程度，准确施策。

3）监测期间噪声源的运行工况对监测数据的真实性意义重大，建议补充监测期间水泵房内水泵的数量及监测运行状况。

4）建议补充被测声源运行特性判定，以及背景噪声测量时长等。

作者信息：
顾伟伟（上海市环境监测中心）

2.3　百货商场夜间噪声扰民监测

本节案例讲述了某百货商场压缩机设备夜间对同栋楼楼上住宅和邻近住宅的影响，强调了测量时要求百货商场压缩机正常运行，并在测点附近营造了降低其他噪声干扰的环境，以确保监测正常进行。

2.3.1　事件描述

某百货商场被投诉，原因是夜间营业时压缩机设备噪声扰民。通过实地查看，压缩机在百货商场楼顶，投诉业主有两处，A 小区投诉业主住房楼层高度与商场压缩机的高度基本一致，二者相距 7m；B 小区投诉业主住房与压缩机位于同一楼层，相距 5m。平面关系示意图见图 2.5。

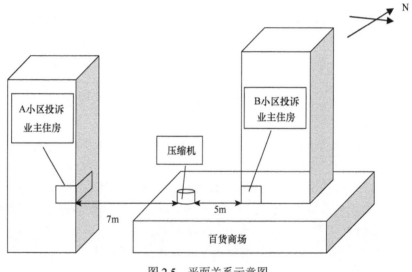

图 2.5　平面关系示意图

2.3.2　监测依据

1）委托合同中的相关测试要求。
2）《社会生活环境噪声排放标准》（GB 22337—2008）。

2.3.3　监测方案

1. 主要声源分析

本次监测的主要声源是某百货商场夜间正常营业时楼顶压缩机设备运行产生的噪声。A 小区投诉业主住房与商场之间最近距离为 4m，受到压缩机空气传播噪声的影响。

B 小区投诉业主住房与压缩机位于同一楼层，受到压缩机结构传播噪声的影响。

2. 执行标准分析

该案例中的噪声属于《社会生活环境噪声排放标准》（GB 22337—2008）规定的社会生活环境噪声。根据该区声环境功能区划，该投诉业主生活的小区属于 2 类声功能区。

A 小区投诉业主住房室外执行 2 类声功能区标准，昼间限值为 60 dB（A），夜间限值为 50dB（A）。将噪声敏感建筑物的室内测量相应限值减 10 dB（A）作为评价依据（表 2.8）。

表 2.8　社会生活环境噪声排放限值　　　　　　　　［单位：dB（A）］

边界外声环境功能区类别	昼间	夜间
2 类区	60	50

B 小区投诉业主住房室内执行《社会生活环境噪声排放标准》（GB 22337—2008）中规定的结构传播固定设备室内噪声 2 类排放限值，投诉房间为卧室，属于 A 类房间，昼间限值为 45dB（A），夜间限值为 35dB（A）（表 2.9）。

表 2.9　A 类房间结构传播固定设备室内噪声排放限值（等效 A 声级）　　［单位：dB（A）］

噪声敏感建筑物所处声环境功能区类别	昼间	夜间
2 类区	45	35

3. 监测内容

1）在商场正常营业状态下测量排放噪声；

2）要求商场停止营业，测量背景噪声。

4. 监测时间

1）投诉业主反映夜间睡眠时受到的噪声影响较严重。监测机构告知投诉业主监测定在 22:00 以后进行，并征得投诉业主的同意。

2）由于噪声源是稳态噪声，根据实际情况，1min 的噪声情况基本能代表噪声源的排放情况，每个测点测量 1min。

5. 监测仪器

1）测量仪器

名称：多功能声级计；型号：AWA5680 型；准确度等级：2 级；

名称：多功能声级计；型号：AWA6228 型；准确度等级：1 级。

2）校准仪器

名称：声校准器；型号：AWA6223 型；为 1 级声校准器。

监测前校准值 93.7dB，监测后校验值 93.6dB。

6. 监测点位

根据现场调查，受噪声影响的有 A 小区和 B 小区住户。根据《社会生活环境噪声排放标准》（GB 22337—2008）测定位置规定，当在边界无法测量到声源的实际排放状况时（如声源位于高空），除在社会生活噪声排放源边界外 1m、高度 1.2m 以上选点以外，在受影响的噪声敏感建筑物户外处另设测点；社会生活噪声排放源的固定设备结构传声至噪声敏感建筑物室内，在噪声敏感建筑物室内测量。所以在商场边界外 1m 处布设 1#测点，在投诉业主住宅窗外 1m 处布设 3#、5#测点，在卧室内布设 2#、4#测点，见图 2.6。测点的布设征求了投诉业主的意见。

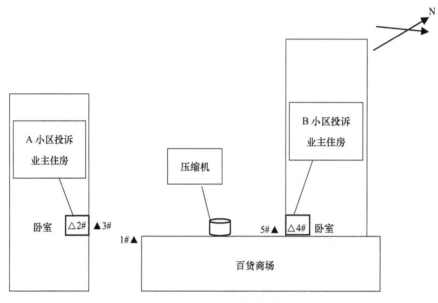

图 2.6　测点布设示意图

▲代表边界噪声测点，△代表敏感点处噪声测点

7. 监测条件

根据需要本次监测得到了城管和街道社区工作人员协助，对业主和相关邻居要求必须做到无声源发生，以保证无其他噪声干扰，城管负责商场正常营业。

测试期间的测量条件符合标准要求，无雨雪、无雷电，风速为 0.8m/s。室内监测门窗关闭，无其他噪声干扰，测点距离墙壁超过 0.5m，距离外窗超过 1m，距离地面 1.2m。

2.3.4　监测结果

根据《社会生活环境噪声排放标准》（GB 22337—2008）中的测量结果修正表（表 2.10）和《环境噪声监测技术规范　噪声测量值修正》（HJ 706—2014）对测量结果进行修正，噪声监测结果见表 2.11。

表 2.10　测量结果修正表　　　　　　　　　　　　　　［单位：dB（A）］

差值	3	4-5	6-10
修正值	−3	−2	−1

表 2.11　噪声监测结果

测点编号	测点位置	监测时段	等效 A 声级/ [dB（A）]		
			实测值	背景值	修正结果
1#	边界外 1m	夜间（22:10）	55.6	46.3	55
2#	A 小区卧室（关窗）	夜间（23:13）	39.2	36.1	36
3#	A 小区窗外 1m	夜间（23:28）	53.4	45.7	52
4#	B 小区卧室（关窗）	夜间（22:35）	40.5	36.2	38
5#	B 小区窗外 1m	夜间（22:48）	55.3	46.6	54

2.3.5　结果评价

1#测点超过《社会生活环境噪声排放标准》（GB 22337—2008）中 2 类功能区夜间社会生活环境噪声排放限值为 50dB（A）的要求，超标 5dB（A）。

2#测点满足《社会生活环境噪声排放标准》（GB 22337—2008）中 2 类功能区夜间社会生活环境噪声排放限值减 10 dB（A）为 40dB（A）的要求，未超标。

3#测点超过室外噪声限值为 50dB（A）的要求，超标 2dB（A）。

4#测点超过《社会生活环境噪声排放标准》（GB 22337—2008）中 2 类功能区夜间结构传播固定设备室内 A 类房噪声限值为 35dB（A）的要求，超标 3dB（A）。

5#测点超过室外噪声限值为 50dB（A）的要求，超标 4dB（A）。

2.3.6　案例点评

本次监测的优点是根据实际情况，动员多方进行了工况和测点的控制，但是仍有如下应注意的问题。

1）根据《社会生活环境噪声排放标准》（GB 22337—2008）中结构传播固定设备室内噪声排放限值的规定，应测量倍频带声压级。

2）噪声源的边界排放监测点应设置在与 A 小区、B 小区敏感点尽可能近的位置，以体现噪声源对敏感点的影响程度。

3）2#测点设置不合理，不是受结构传播固定设备噪声的影响，所以不能与 4#测点一样布设在室内，只保留室外 1m 处的 3#测点即可。

作者信息：
傅生会（重庆市巴南区生态环境监测站）
文其玲（重庆市巴南区生态环境监测站）

2.4 超市运货电梯噪声投诉监测

居住区内运货电梯运行过程中的噪声会对居民生活造成影响，通过等效 A 声级、各倍频带声压级及最大 A 声级来对污染情况进行评判，并对此次监测进行反思，以及对结构传播固定设备室内噪声与声功能区之间的关系进行探讨。

2.4.1 事件描述

某业主投诉其住宅下方电梯运行噪声影响其休息。现场调查发现，该业主所处建筑属于商混建筑，下面两层为超市，3～16 层为居民住宅，投诉人住宅位于超市电梯正上方。投诉人家里的卧室及客厅下方各对应一部电梯（卧室下方为超市东侧电梯，客厅下方为超市西侧电梯），投诉人反映电梯运行过程中产生的噪声严重影响其正常生活。经投诉人及超市负责人确认，西侧电梯从未使用，只使用了东侧电梯，电梯的运行时间为8:00～21:00，此时间段为昼间。投诉人与噪声源位置关系图见图 2.7。

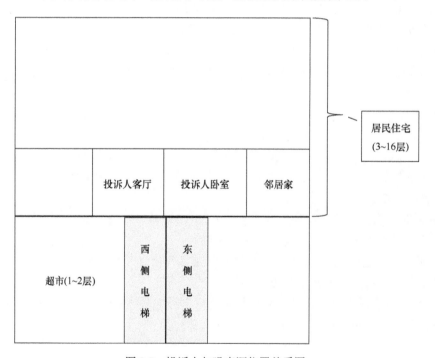

图 2.7 投诉人与噪声源位置关系图

2.4.2 监测依据

1)《社会生活环境噪声排放标准》（GB 22337—2008）。
2)《环境噪声监测技术规范 结构传播固定设备室内噪声》（HJ 707—2014）。

2.4.3 监 测 方 案

1. 监测仪器

使用 AWA6228 型多功能声级计（1 级声级计）进行等效 A 声级及倍频带声压级的测量，并在测量前后现场用 AWA6223 型声校准器（1 级声校准器）进行声学校准。测量前校准值为 93.8dB，测量后校验值为 93.9dB，其前后示值偏差在 ±0.5dB 之间，监测数据有效。

2. 主要声源分析

根据现场踏勘，投诉人所在居民楼远离公路，周边只会受到小区生活噪声影响，由图 2.7 可以看出投诉人家位于超市运货电梯正上方；由于测量时间选择在 9:00～10:00，且当天为工作日，小区居民绝大多数已经上班，小区内人数较少，投诉人的邻居也没有在家。电梯停止运行时，投诉人家里特别安静；电梯运行时，在投诉人家里能够明显地听到电梯运行时产生的噪声。因此，可以判定主要声源为电梯运行时产生的噪声。

3. 监测内容

电梯位于楼体内，运行时产生的噪声通过楼体进行传播，传播形式为结构传播，因此，在监测过程中，除了要测量等效 A 声级，还要测量其倍频带声压级。同时，背景噪声的监测也要监测等效 A 声级及倍频带声压级。

4. 监测频次

经过投诉人和超市负责人共同确认，电梯仅在 8:00～21:00 使用，并且使用的频次并不是很多，只在需要运货时才使用，一天最多也就十几次。电梯运行时产生的噪声属于非稳态噪声，需要测量电梯运行时有代表性时段的等效 A 声级。因此，为了获取电梯持续运行时产生的比较真实的噪声值，经投诉人及超市负责人确认并认可，我们选择让电梯连续不间断运行 15 次，以模拟货梯在一天内的工作运行频次，测量这 15 次电梯运行期间产生的噪声值及倍频带声压级。在监测中发现，电梯连续运行 15 次的监测时间为 5min，因此，也将背景噪声的监测时间定为 5min，且在背景噪声监测时，将电梯全部关闭，电梯停止运行，同样监测 5min 等效 A 声级及倍频带声压级。

5. 监测点位

超市仅使用东侧电梯，西侧电梯从未使用过，且东侧电梯运行期间，客厅受到的影响非常小，而卧室受到的影响很大，因此，监测点位设置在卧室内。监测期间门窗关闭，被测房间内的可能干扰测量的声源也全部关闭，并告知所有人员不得在监测期间说话、走动。监测点位距离各反射面大于 0.5m，距离外窗 1m 以上，用三脚架固定监测设备使其高 1.2m。监测点位置见图 2.8。

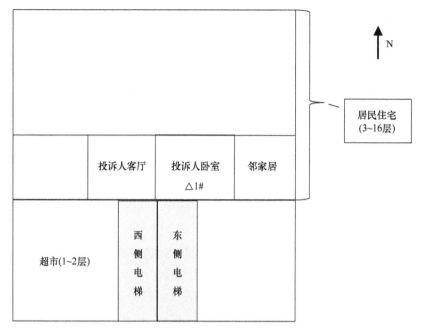

图 2.8　监测现场示意图
△代表敏感点处噪声测点

6. 监测条件

投诉人住宅远离公路，并不受车辆交通影响；监测时间位于工作日上午，小区内所产生的生活噪声也极小。电梯运行噪声传播方式主要为结构传播，因此监测期间门窗关闭，并且被测房间内的可能干扰测量的声源也全部关闭，所有人员不得在监测期间说话和走动。电梯运行时，室内主要受到电梯运行时产生的噪声影响。

2.4.4　执行标准分析

根据该市声环境功能区划，投诉人住宅位于 1 类区。根据《社会生活环境噪声排放标准》（GB 22337—2008）中的结构传播固定设备室内噪声排放限值的规定，卧室属于 A 类房间，昼间噪声限值为 40dB（A），对于在噪声测量期间发生非稳态噪声（如电梯噪声等）的情况，最大 A 声级超过限值的幅度不得高于 10dB（A），即昼间噪声最大值的限值为 50dB（A）。

2.4.5　监　测　结　果

根据《社会生活环境噪声排放标准》（GB 22337—2008）中的测量结果修正表对监测结果进行修正，等效 A 声级监测结果见表 2.12，倍频带声压级监测结果见表 2.13。

表 2.12　结构传播固定设备室内噪声监测结果（等效 A 声级）［单位：dB（A）］

项目	电梯运行测量值	修约结果	A 类房间标准限值
L_{eq}	35.8*	36*	40
L_{max}	55.6	56	50

*为达标数据，按照《环境噪声监测技术规范　噪声测量值修正》（HJ 706—2014）要求仅做修约，未做修正。

表 2.13　结构传播固定设备室内噪声监测结果（倍频带声压级）　　（单位：dB）

频率	电梯运行测量值	修约结果	A 类房间标准限值
31.5Hz	62.6*	63*	76
63Hz	46.6*	47*	59
125Hz	46.6*	47*	48
250Hz	35.8*	36*	39
500Hz	32.8*	33*	34

*为达标数据，按照《环境噪声监测技术规范　噪声测量值修正》（HJ 706—2014）要求做修约，未做修正。

2.4.6　分析与评价

通过监测数据可以看出，电梯运行期间等效 A 声级和各倍频带声压级均未超过标准限值。本案例所监测的电梯运行噪声为非稳态噪声，所以在对电梯运行产生的噪声进行评价时需要考虑其产生的最大 A 声级。本次测量的电梯运行噪声最大 A 声级为 56dB（A），超标 6dB（A）。

2.4.7　案　例　点　评

本案例主要优缺点如下。

1）作为货梯应考虑电梯负荷因素，监测人员在确定监测频次和测量时间时，能考虑到投诉人及超市负责人的意见并得到三方认可，选择让电梯连续不间断运行 15 次，约 5min，以模拟货梯一天内的最大运行工况。

2）电梯噪声为非稳态噪声，由于本次测量结果昼间等效 A 声级和倍频带声压级均达标，无法有效解决业主对电梯噪声扰民的诉求，最后通过评价其产生的最大 A 声级超过限值来解决。

3）该案例在监测噪声过程中并未进行装卸货等工作，未捕捉到电梯在满负荷工作状况下的噪声最大值情况，且最大 A 声级的数据没有经过多次测量确定。

4）进行结构传播固定设备室内噪声监测时，应记录监测期间室外的天气情况，如是否为雨雪、雷电、大风等天气，确定是否会对室内噪声监测造成影响。

5）本案例中的最大 A 声级仅为一次监测的结果，不能排除背景噪声的干扰。建议通过多次测量（如 10 次）来确定最大 A 声级。

作者信息：
赵亮（鞍山市环境监测中心站）

2.5 住宅小区多家饭店抽油烟机的引风机噪声扰民监测

本节案例讲述了多家饭店抽油烟机的引风机设备同时工作产生的噪声对相毗邻住宅居民的影响，强调了噪声测量时要求饭店正常营业，并在测点附近营造了降低其他噪声干扰的环境，以确保监测正常进行。

2.5.1 事件描述

某住宅小区业主对与住宅楼相毗邻的 7 家饭店商铺在同一时段营业时，9 台抽油烟机引风机设备同时工作产生的噪声进行投诉。经实地查看，噪声扰民的商铺共两层，饭店商铺的 9 台抽油烟机引风机设备置于商铺 2 层楼顶，投诉业主住房位于 G 栋 1 单元 3 层，与饭店商铺 2 层楼顶边界相邻小于 1m（图 2.9）。

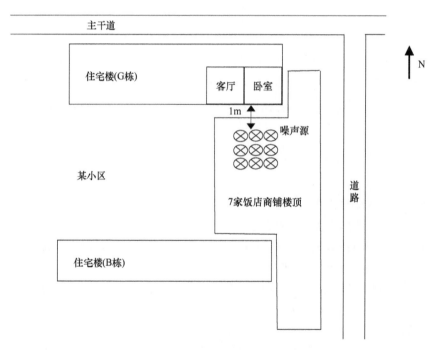

图 2.9 噪声源与敏感点相对位置示意图

2.5.2 监测依据

1)《社会生活环境噪声排放标准》（GB 22337—2008）。
2)《环境噪声监测技术规范 噪声测量值修正》（HJ 706—2014）。
3)《内蒙古自治区环境保护局关于呼和浩特市环境噪声适用标准区域划分以及区域环境噪声和道路交通噪声监测点位调整方案的批复》（内环发〔2006〕119 号）。

2.5.3 监 测 方 案

1. 主要声源分析

本次监测的主要声源是某住宅小区一楼 7 家饭店商铺在昼间营业时段内同时开启 9 台抽油烟机引风机设备后产生的噪声。

2. 执行标准分析

被投诉噪声属于《社会生活环境噪声排放标准》（GB 22337—2008）规定的社会生活噪声。根据呼和浩特市声环境功能区划，被测业主住宅区执行 2 类声功能区标准。因为社会生活噪声排放源边界与噪声敏感建筑物距离小于 1m，根据《社会生活环境噪声排放标准》（GB 22337—2008）规定，应在噪声敏感建筑物的室内测量，并将相应的限值减 10dB（A），见表 2.14。

表 2.14 边界噪声排放限值 ［单位：dB（A）］

边界外声环境功能区类别	昼间	夜间
2 类区（室内）	50	40

3. 监测内容

1）饭店昼间正常营业状态下测量排放噪声。

2）饭店抽油烟机引风机设备停止时测量背景噪声。

4. 监测时间

1）根据当地居民的生活习惯和起居规律及饭店正常营业时间，确定 11:00～13:00 饭店客流量最大。征得投诉业主的同意，将监测时间确定为饭店开始营业时间 11:40，并在客人相对较多、抽油烟机引风机设备全部打开时进行监测。

2）由于噪声源是稳态噪声（7 家饭店 11:30～13:00 抽油烟机引风机设备同时开启，实际测量该风机群的声级，其最大声级和最小声级差值小于等于 3dB），所以每个监测点测量 1min。

5. 监测仪器

监测仪器为爱华 AWA5680 型多功能噪声分析仪（2 级声级计），声校准器为爱华 AWA6223-F 型声校准器（1 级声校准器）。声级计和声校准器均在检定有效期内，测量前后在现场进行校准，测量前校准值为 93.8dB，测量后校验值为 93.7dB，偏差在 ±0.5 dB 之内，测量结果有效。

6. 监测点位

噪声源与投诉业主房间距离小于 1m，按照《社会生活环境噪声排放标准》（GB 22337—2008）的规定，并征求业主的意见后，监测点位布设在业主住宅内的客厅及卧室，每个房间布设 1 个测点，见图 2.10。

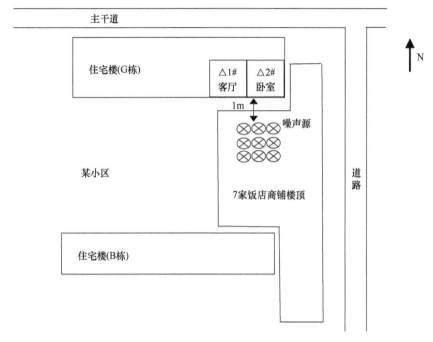

图 2.10　噪声监测点位布设示意图
△代表敏感点处噪声测点

7. 监测条件

1）根据需要，在城管、交警及新闻媒体的配合和监督下，本次噪声监测工作得以进行。测试期间交警临时限制东侧道路（未命名）车辆禁行，业主和相关邻居必须无其他噪声源干扰。城管负责饭店正常营业。监测时段内 9 台抽油烟机引风机共 7 台开启，工况大于 75%。

2）工况测试期间的测量条件为无雨雪、无雷电，风速为 1.6m/s，符合标准规定的要求，为避免其他噪声的干扰，各住户室内关闭所有可能干扰噪声测量的声源（如电视机、空调机、风扇、镇流器等发声的设施），排除被测房间及周边环境中其他人为噪声、振动干扰（如走动、说话等）。

8. 背景噪声测量及修正

1）背景噪声测量

经与饭店老板协商，抽油烟机引风机设备在短时间内可以停止噪声排放，背景噪声是在 7 家饭店正常营业（11:35）且 7 台运行的抽油烟机引风机设备关闭的状况下被监测。背景噪声的监测点位及声环境条件与噪声源监测时基本保持一致。

2）测量结果修正

测量结果修正按照《环境噪声监测技术规范　噪声测量值修正》（HJ 706—2014）中的有关要求进行。

2.5.4　监测结果

业主住宅室内噪声监测结果：客厅等效 A 声级为 53.0 dB（A），卧室等效 A 声级为 55.1 dB（A），见表 2.15。

表 2.15　投诉业主住宅室内噪声监测结果

测点编号	测点位置	监测时段	等效 A 声级/［dB（A）］		
			实测值	背景值	修正结果
1#	客厅中间	昼间（11:40）	53.0	37.5	53
2#	卧室中间	昼间（11:45）	55.1	37.3	55

2.5.5　结果评价

监测结果显示：业主客厅超过《社会生活环境噪声排放标准》（GB 22337—2008）中 2 类声环境功能区昼间噪声限值为 50dB（A）的要求，超标 3dB（A）；卧室超过《社会生活环境噪声排放标准》（GB 22337—2008）中 2 类声环境功能区昼间噪声限值为 50dB（A）的要求，超标 5dB（A）。

2.5.6　案例点评

本案例的主要优缺点如下。

1）根据噪声源调查情况，采取有效措施对干扰声源进行排除，尤其是在监测作业时段内，受影响因素较多，在相关部门的协助下，对相关路段进行管控处理，排除干扰声源的影响，为监测数据的真实性和准确性提供必要条件，使之能客观反映污染情况。

2）在噪声源复杂的情况下，做好声源调查，明确可疑声源，合理排除干扰声源，并同步考虑多家饭店的多个抽油烟机引风机同时运行产生的噪声叠加，监测数据能客观反映居民的主观感受。

3）在监测时，未对风机群噪声源进行具体测量就判定其为稳态噪声，测量时间为 1min，通过对开窗测量的室内噪声数据及背景值数据进行分析，该结论与风机群的实际噪声值不匹配。

4）有条件的话，应在监测的同时进行全过程监测录像，为执法争议或质疑提供有力依据。

5）本案例中 7 家饭店是一个整体的监测对象。如果 7 家饭店是 7 个独立的个体，则案例中的监测结果无法作为各家饭店的噪声排放值被评价，此时应对每个饭店进行独立监测和评价。

作者信息：
赵晓燕（呼和浩特市玉泉区生态环境监测站）
赵杉杉（内蒙古自治区环境监测中心站）

2.6　商业综合体噪声扰民监测

本节案例讲述了位于某商业综合体楼顶的冷却塔、油烟风机、冷风机组等设备，对相邻高层居民住宅楼产生影响后，如何判断超标、噪声源位置和多声源边界测量方法。强调商业综合体审批验收时，不仅要考虑环境噪声环境总容量问题，还要对已存在噪声扰民的商业综合体，提供合理的调查重点和测量方法。

2.6.1　事　件　描　述

天津市某行政区受理一商业综合体顶层冷却塔、油烟风机、冷风机组等设备对附近小区居民楼产生影响的投诉，投诉由小区内多名业主联合发起。某环境监测机构受监管部门委托，对该商业综合体产生的噪声影响进行调查（签订委托合同），对投诉小区开展大面积、综合性、多层次室外噪声测量。环境监测机构派 3 名技术人员实地查看，对敏感区域内的噪声源进行细致调查和测量。商业综合体布局情况及居民楼位置详见图 2.11，其中受影响的居民楼均为 16 层。

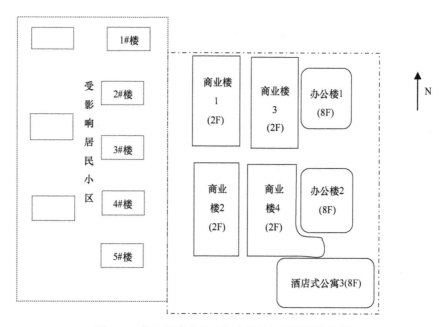

图 2.11　某小区商业综合体布局情况及居民楼位置

2.6.2　测　量　方　案

1. 主要声源分析

该商业综合体总建筑面积为 8 万 m²，集写字楼办公、商业、酒店式公寓等多项功能于一身，是该行政区域内的地标性建筑。其共有建筑物 7 栋，其中办公楼两栋，酒店式公寓 1 栋，均为 8 层；商业楼 4 栋，均为 2 层。商业楼 3 与办公楼 1 相连，商业楼 4 与办公楼 2 相连。（图 2.12）

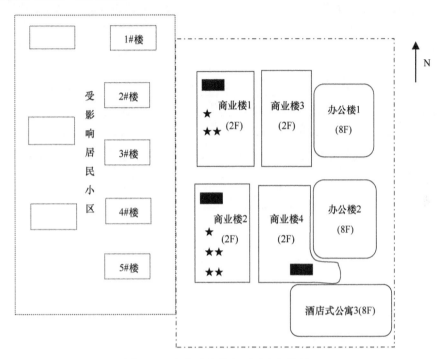

图 2.12 商业综合体主要噪声污染情况

■代表主要噪声源位置，★代表小型油烟净化装置

本案例主要声源分布在商业楼 1、2、4 屋顶，声源设备运行时对西侧小区居住楼、东侧办公楼、酒店式公寓影响严重。其中主要噪声源为商业楼 1 屋顶的大型冷却塔、商业楼 2 屋顶的食堂大型油烟风机和商业楼 4 屋顶的机房空调室外机组，此外，在商业楼 1、2 屋顶零星分布 8 台小型油烟净化装置。主要噪声源与居民楼的距离如下。

1）商业楼 1 屋顶的大型冷却塔共两组（每组两套）。其用于商业体整体（含办公楼）制冷热，运行时间为 7:00 至 23:00，距离最近的居民楼 2#楼约 32m，距离 3#楼约 61m，距离 1#楼约 50m。

2）商业楼 2 屋顶的食堂大型油烟风机 1 台。用于商业综合体的物业管理人员用餐，噪声主要集中在中餐（11:00～13:00）、晚餐（17:00～19:00）时段，距离最近的居民楼 4#楼约 33m，距 3#楼约 39m，距离 2#楼约 70m。

3）商业楼 4 屋顶的机房空调室外机组。为商业体机房的室外冷风机组，该室外机为雷柏电器的上吹风风冷空调室外机（共 8 组），运行时间为 24h，不能停止。距离最近的居民楼 5#楼约 62m，距离 4#楼约 69m，距离 3#楼约 105m。

4）此外，商业楼 1、2 屋顶零星分布 8 台小型油烟净化装置。用于两个楼内的餐饮经营商户排放油烟，使用时对周边环境排放噪声。

2. 执行标准分析

根据天津市声环境功能区划，该投诉业主生活的小区属于 2 类声环境功能区。投诉业主住宅室外执行 2 类声环境功能区标准，昼间限值为 60 dB（A），夜间限值为 50dB（A），见表 2.16。被投诉噪声属于《社会生活环境噪声排放标准》（GB 22337—2008）规定的社会生活噪声，标准限值见表 2.17。

表 2.16 小区居民声环境质量标准限值 ［单位：dB（A）］

声环境功能区类别	昼间	夜间
2 类区	60	50

表 2.17 社会生活噪声排放源边界及敏感点噪声排放限值 ［单位：dB（A）］

边界外声环境功能区类别	昼间	夜间
2 类区	60	50

3. 测量内容

本案例对噪声源进行了详细调查，并出具了监测报告。噪声源的调查数据并未写入监测报告中。

（1）调查噪声源进行的测量项目

1）受影响小区多户居民 24h 声环境质量情况。

2）受影响小区多户居民窗外及冷却塔、食堂大型油烟风机、空调冷风机组机设备附近 1/3 倍频程声级。

（2）出具监测报告进行的测量项目

1）商业综合体在正常运行状态下的边界及敏感点排放噪声。

2）商业综合体噪声治理后，正常运行状态下的边界及敏感点排放噪声。

4. 测量时间及测量点位

根据现场踏勘，针对实际情况确定测量时间，用以调查该项目噪声污染的位置、时段和程度，分析噪声源的频谱特性，为噪声污染治理提供科学依据。测量点位、项目及频次见表 2.18。

5. 测量仪器

AWA6228 型多功能噪声分析仪、B&K2250 型声级计，均为 1 级声级计，测量前校准值均为 93.8dB，测量后校验值均为 93.9dB，偏差均小于 0.5dB；B&K4231 型声级校准器（1 级）。测量仪器均在检定有效期内。

6. 测量条件

测量条件符合标准要求，无雨雪、无雷电，风速为 1.6m/s。

测量期间商业综合体处于正常营业状态，同时投诉业主认可测量时的噪声排放情况。

表 2.18　测量点位、项目及频次

测量点位		测量项目	测量频次	测量目的
3#楼南侧、北侧	4 层、9 层、16 层窗外 1m	环境声级	连续 24h 测量	确定高噪声时段
3#楼 4 层南侧、北侧、东侧	某层窗外 1m	1/3 倍频程声级	每次测量 1min	测量敏感点频谱
大型冷却塔	设备附近 1m			测量噪声源频谱
食堂大型油烟风机	设备附近 1m			
空调室外机	设备附近 1m			
3#楼窗外 1m	4 层、9 层、16 层	环境声级	每次测量 1min，昼间两次，夜间 1 次	
场界噪声	商业街界外 1m			

2.6.3　测量结果

1. 小区声环境质量测量结果

根据《声环境质量标准》（GB 3096—2008）中的测量方法，测量受影响小区居民楼 24h 声环境情况，重点调查中午和傍晚时段声环境变化情况，小区声环境质量 24h 测量结果详见图 2.13。

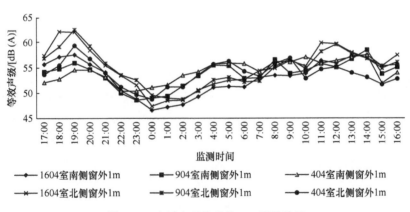

图 2.13　小区声环境质量 24h 测量结果

由图 2.13 可知，11:00～13:00 和 18:00～20:00 时段声级较高，23:00 后声级逐步降低，应重点调查午间、傍晚和夜间 3 个时段噪声源排放状况。

2. 噪声源相关性测量结果

为了解噪声源与小区居民声环境的相关性，同时测量 3#楼窗外 1m 和主要噪声源的 1/3 倍频程噪声，噪声测量结果见图 2.14。

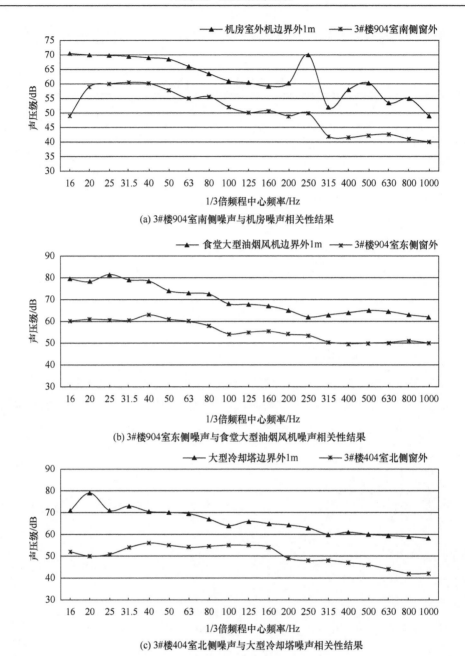

(a) 3#楼904室南侧噪声与机房噪声相关性结果

(b) 3#楼904室东侧噪声与食堂大型油烟风机噪声相关性结果

(c) 3#楼404室北侧噪声与大型冷却塔噪声相关性结果

图2.14 噪声源相关性测量结果

为避免人为噪声干扰，保证测量准确，选择24:00左右同时对3#楼904室南侧窗外和机房室外机边界外1m进行测量；人为关停冷却塔机组，选择油烟风机噪声影响最大的中午时段，同时对3#楼904室东侧窗外和食堂油烟风机边界外1m进行测量；合理避开商业综合体经营时段，选择上午9:00左右同时对3#楼404室北侧窗外和冷却塔边界外1m进行测量。

由图2.14可知，3#楼各个测点和各噪声源的1/3倍频程中心频率有很好的对应关系，这说明商业综合体对该居住小区的影响是多方面的，应该全方位对设备机组隔声降噪。

3. 商业综合体敏感点及边界噪声测量结果

根据《社会生活环境噪声排放标准》（GB 22337—2008）中的测量方法，噪声测量结果见表 2.19。

表 2.19　3#楼各楼层和商业综合体边界测量结果（背景噪声修正后）[单位：dB（A）]

序号		测点位置	中午	傍晚	主要声源	夜间	主要声源
1	3#楼	404 室南侧窗外 1m	53	55	食堂大型油烟风机、大型冷却塔	49	机房室外机
		404 室北侧窗外 1m	55	59	大型冷却塔、食堂大型油烟风机	—	—
		904 室南侧窗外 1m	54	56	机房室外机、食堂大型油烟风机、大型冷却塔	48	机房室外机
		904 室北侧窗外 1m	59	62	食堂大型油烟风机、大型冷却塔	—	—
		1604 室南侧窗外 1m	55	58	机房室外机、食堂大型油烟风机、大型冷却塔	51	机房室外机
		1604 室北侧窗外 1m	60	64	食堂大型油烟风机、大型冷却塔	—	—
2	商业街边界	对应小区 2#楼，边界外 1m	58	57	商业街 1 层商户排风扇	45	环境
3		对应小区 3#楼，边界外 1m	55	54	商业街 1 层商户排风扇	45	环境
4		对应小区 5#楼，边界外 1m	56	57	商业街 1 层商户排风扇	46	环境

注：3#楼北侧窗外 1m 各楼层傍晚背景噪声值的最大为 51.5dB（A），与测量值的差均大于 10dB（A），无须修正；南侧窗外 1m 各楼层夜间背景噪声值最大为 44.3dB（A），16 层南侧窗外 1m 修正后仍超标。

2.6.4　结果评价

3#楼 904 室北侧窗外 1m 测点在傍晚时段超过《社会生活环境噪声排放标准》（GB 22337—2008）中 2 类声环境功能区昼间噪声限值为 60dB（A）的要求，超标 2dB（A）；1604 室南侧窗外 1m 测点在夜间时段超过夜间噪声限值 50dB（A）的要求，超标 1dB（A）；1604 室北侧窗外 1m 测点夜间噪声超标 4dB（A），其余测点均达标。

2.6.5　跟踪调查

通过协商、调解，商业综合体采取满足业主要求的降噪措施，对该区域声环境进行复测，执行《社会生活环境噪声排放标准》（GB 22337—2008）2 类标准，复测结果全部达标。

本案例通过对敏感小区声环境质量和噪声源的低频噪声进行调查、测量，初步确定噪声影响较大时段和相应噪声源，然后对多户受干扰居民进行室外噪声测量，得出声环境超标结论。前期调查结束后，持续跟踪该项目，并在该项目多台设备采取隔声降噪措施后，进行调查与复测，测量结果显示达标，小区居民调查满意。

由本案例可以得出以下结论。

1）商业综合体中包括多种设备运行，在各个部分履行环保审批手续过程中，有可能存在单一声源产生的影响达标、多声源超标现象，因此在审批过程中，应格外注意声环境承载能力。

2）商业综合体在设计规划时，应充分考虑对周边的噪声影响，设备机组位置应远离居民楼，特别是高层居民楼。

2.6.6　案　例　点　评

本案例为噪声污染调查及监测提供了思路，不仅监测边界及敏感点噪声，而且同时对设备与敏感点进行 1/3 倍频程中心频率监测，利用数据结果判断声源的特征频率，为相关的噪声治理提供技术依据。

应增加监测点位布设示意图，以助于理解。

作者信息：
郝影（天津市生态环境监测中心）
张朋（天津市生态环境监测中心）
张金艳（天津市生态环境监测中心）

2.7　厨房设备噪声扰民监测

本节案例以某居民住宅室内受结构传播噪声影响为例，通过对减缓措施的分析和实地应用，探讨各种降噪措施对于结构传播噪声的有效性和适用性，是一个较典型的结构传播固定设备室内噪声监测案例。

2.7.1　事件描述

上海杨浦区某居民住宅位于 2 楼，有业主投诉其楼下某美食公司厨房设备产生的结构传播噪声影响了其正常的生活。某环境监测机构对投诉情况进行了现场勘查。被投诉对象所在建筑为典型的下商上居商住楼，厨房内使用的固定设备较多，可疑声源为厨房用燃气灶及油烟净化设备。根据实地调查情况，在投诉人家中进行了噪声监测。

2.7.2　监测依据

1）《社会生活环境噪声排放标准》（GB 22337—2008）。
2）《环境噪声监测技术规范　结构传播固定设备室内噪声》（HJ 707—2014）。
3）《环境噪声监测技术规范　噪声测量值修正》（HJ 706—2014）。

2.7.3　监测方案

1. 主要声源分析

本案例中，噪声源为厨房设备，包括油烟风机、灶头鼓风机、通风管道。

2. 执行标准分析

被投诉噪声属于《社会生活环境噪声排放标准》（GB 22337—2008）规定的社会生活噪声。根据《上海市杨浦区声环境功能区划》，该投诉业主生活的小区属于 2 类声环境功能区。

鉴于本案例中投诉人与被投诉人之间的空间位置属于典型的室内相邻关系（楼上楼下），两者之间只隔了一层天花板。在标准选择上采用"结构传播固定设备室内噪声排放限值（等效 A 声级、倍频带声压级）"。

3. 监测内容

1）在被投诉人厨房设备正常使用状态下测量排放噪声。
2）在被投诉人厨房设备全部停止使用状态下测量背景噪声。

4. 监测时间和频次

被投诉人的营业时间是 10:00～20:00，在征得投诉人允许的前提下，我们选择在

12:00 进行监测。

机械设备正常运行时其声音可以被视为稳态噪声，所以在测量时间上选择 1min。

5. 监测仪器

声级计：AWA6228 型多功能声级计（1 级）；

声校准器：AWA6221A 型声校准器（1 级）。

监测仪器均在检定有效期内。

6. 监测点位

监测点位布设在投诉人反映的最强烈的主卧室中央，测点位置和声源位置关系详见图 2.15。

7. 监测条件

监测期间厨房设备全部开启，同时关闭被测房间的门、窗，屋内其他电器如电视、空调、日光灯等也全部关闭。

室内测点应距离任一反射面至少 0.5m 以上、距离地面 1.2m、距离外窗 1m 以上。

声级计测量前的校准值为 93.8dB，测量后的校验值为 93.9dB，偏差小于 0.5dB。

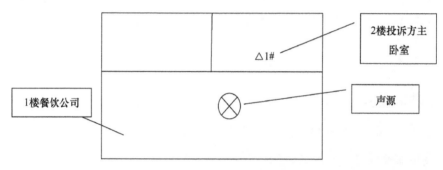

图 2.15　信访投诉测点示意图

△代表敏感点处噪声测点

2.7.4　监测结果与原因分析

1. 监测结果

根据《社会生活环境噪声排放标准》（GB 22337—2008）中的测量结果修正表进行修正，噪声监测结果见表 2.20。

从监测结果来看，其等效 A 声级及倍频带中心频率为 125Hz、250Hz、500Hz 时的噪声排放均超出了标准范围。若固定设备运行时某一频段倍频带声压级的测量值超过背景值 5dB，表明室内声环境受到结构传播固定设备噪声的影响。由此可见，本案例中投诉者住宅内的低频噪声影响应是由其楼下某公司厨房设备使用所造成的。

表 2.20　信访投诉第一次噪声监测结果

测点位置	监测项目分类	噪声来源	等效 A 声级 /［dB（A）］	倍频带声压级/dB				
				31.5Hz	63Hz	125Hz	250Hz	500Hz
卧室中央（A 类房间）	测量值	灶头鼓风机吸风罩风机	46.6	57.9	56.4	56.2	52.6	41.8
	背景值		32.3	45.2	47.4	37.8	32.3	30.2
	修约结果		47	58	55	56	53	42
	标准值		45	79	63	52	44	38
结论			超标	达标	达标	超标	超标	超标

2. 原因分析

本案例中的噪声源为厨房设备，包括油烟风机、灶头鼓风机、通风管道。从物理特性来看，噪声源主要可以分为机械噪声和气体动力噪声。

1）机械噪声

机械噪声即机械设备运行时部件间的摩擦力、撞击力或非平衡力，使机械部件和壳体产生振动而辐射噪声。本案例中，厨房油烟风机运行时发出的噪声就是典型的机械噪声。机械设备使用时产生的振动也是机械噪声的表现形式之一。

2）气体动力噪声

气体动力噪声即气体介质与固定设备之间相互摩擦而发出的声音，通风机进出口发出的声音即气体动力噪声。案例中灶头鼓风机、油烟风机进出口的气流剧烈变化处均会产生气体动力噪声。案例中各类噪声的产生环节见图 2.16。

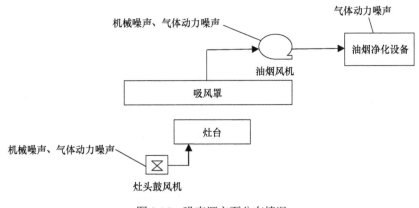

图 2.16　噪声源立面分布情况

2.7.5　整改措施与效果

1. 整改对策

1）噪声源控制

改用转动部件尺寸较小的设备、减少设备出口流量和风压都是源强控制的基本方法。案例中采用更换设备的方法进行噪声源控制。

除了对声源设备进行更换，也对声源的位置重新进行了调整。原先的油烟风机的支架直接与屋顶连接，且未使用弹性元件进行隔振。现在将油烟风机通过底座与房间地面相连，连接处采用软连接，减少声源产生的额外声压级。油烟风机到屋顶之间的距离相对增加，延长了声波的传播距离，从而达到噪声衰减的目的（图 2.17）。

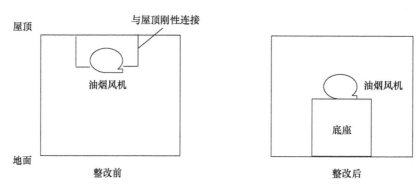

图 2.17　油烟风机整改示意图

2）传播途径控制

声学控制措施，如使用吸声材料、设置隔声结构等方法是抑制噪声传播的有效手段。

考虑到机械设备运行时产生的振动，除了对风机加装隔声罩，还应采用简易的隔振措施降低振动能量的传递。对于居民区等敏感目标，我们要求传递系数 T 不得大于 0.1。对于给定的机械设备而言，其固有振动频率越低，减振效果越好。要使系统固有振动频率降低最有效的方法就是加大弹性元件的静态压缩量。实际工作中，如果机械设备质量足够大，弹性元件可以直接装在机组底面下方。如果机械设备质量较小，宜将机组固定在厚重的底座上，把弹性元件装置在底面和底面基础之间。

2. 整改结果

厨房声源整改完毕后，在投诉者家中进行了复测。监测点位和评价标准与整改前完全相同，厨房设备均处于开启状态。监测结果见表 2.21。

表 2.21　信访投诉第一次整改后的监测结果

测点位置	监测项目分类	噪声来源	等效 A 声级/［dB（A）］	倍频带声压级/dB				
				31.5Hz	63Hz	125Hz	250Hz	500Hz
卧室中央（A 类房间）	测量值	灶头鼓风机吸风罩风机	43.0	46.0	50.7	47.1	48.6	36.0
	背景值		34.8	44.7	44.4	36.9	33.9	28.3
	修约结果		42	46*	50	46	49	35
	标准值		45	79	63	52	44	38
结论			达标	达标	达标	达标	超标	达标

*数据为达标数据，按照《环境噪声监测技术规范　噪声测量值修正》（HJ 706—2014）要求仅做修约，未做修正。

通过找准声源及噪声产生的机理，第一次整改取得了一定的成果，等效 A 声级及部分倍频带中心频率声压级均大幅衰减，达到标准要求，但是 250Hz 下的声压级依然超标。研究表明，低频范围的吸声性能随材料厚度的增加而提高，然而在实践操作中，一味地增加吸声材料的厚度既不经济也难以操作，因此需要寻求更加合理的整改方法。

第二次整改依然将重心放在"源强控制"上。考虑到燃气灶鼓风机的噪声特性与油烟风机相同，原则上采取更换小功率设备的方法。但进一步降低鼓风机功率，则无法提供充足的空气使燃烧效率降低，因此将其中一个燃气灶改为电磁炉。电磁炉的本机噪声为 60dB，燃气灶鼓风机的本机噪声为 65dB，这样的整改措施也是一种"源强控制"方法。第二次整改后的监测数据见表 2.22。

表 2.22　信访投诉第二次整改后的监测结果

测点位置	监测项目分类	噪声来源	等效 A 声级 / [dB（A）]	倍频带声压级/dB				
				31.5Hz	63Hz	125Hz	250Hz	500Hz
卧室中央（A 类房间）	测量值	灶头鼓风机吸风罩风机	34.3	47.6	54.5	43.2	38.4	32.2
	背景值		—	—	—	—	—	—
	修约结果		34*	48*	54*	43*	38*	32*
	标准值		45	79	63	52	44	38
结论			达标	达标	达标	达标	达标	达标

*数据为达标数据，按照《环境噪声监测技术规范　噪声测量值修正》（HJ 706—2014）要求仅做修约，未做修正。

通过"源强控制"方法，倍频带中心频率为 250Hz 的声压级也达到标准要求。至此，整个厨房设备噪声扰民的信访投诉得以圆满解决。通过这个案例我们可以确定，通过找准噪声的成因，合理使用减振降噪措施的方法来缓解结构传播固定设备室内噪声扰民这一信访投诉热点是切实可行的。

2.7.6　相关建议和注意事项

实际工作中，室内固定设备声源不仅限于厨房设备。便利店的空调、冰柜等制冷设备，居民区水泵房的水泵等都是固定声源。设备安装或使用不当都会产生结构传播固定设备室内噪声。通过此次信访投诉的整改，总结出一些不同设备条件下预防和缓解结构传播固定设备室内噪声的共性点，供读者参考。

1. 源强控制的优先级最高

无论是机械噪声还是气体动力噪声，源强控制是首先考虑的方法。对于机械设备而言，无论是风机、水泵还是制冷压缩机，优先考虑选用发声小的材料制造机件、具有精密结构的传动方式。在满足使用工况的前提下，建议选择功率较低、尺寸较小的设备。

2. 避免额外声压级的产生

声源设备的摆放应遵循两个原则：一是尽量远离敏感目标；二是避免额外声压级的产生。设备尽量不直接与敏感目标的墙面（包括天花板或地板）进行刚性连接。若无法避免敏感目标的墙面，则必须使用弹性元件进行隔振处理，隔振采取"高要求"等级，传递系数 $T<0.05$。

除了远离敏感目标以外，摆放室内声源设备时还应避开反射面，从而避免额外声压级的产生。

3. 合理使用声学降噪措施

合理使用声学降噪措施依然是预防和减缓结构传播噪声必不可少的重要步骤。这里需要强调两点，室内结构传播噪声的声学降噪措施包括两个方面：一是充分利用建筑物围护结构的隔声能力；二是对声源进行降噪处理。

对于钢筋混凝土结构的建筑而言，其围护结构的隔声量较大；老式的预制板结构建筑由于围合处可能有缝隙，其隔声量会相对减少。

对于声源的降噪处理，常用的吸声、隔声、减振措施都有较为明显的作用。需要强调的是，在使用隔声罩处理声源时，单层均匀结构的隔声材料在频率很低时（20～65Hz），隔声量会随频率升高而减少。这种情况下只需要保证罩体内阻尼层的厚度不小于罩壁厚度的 2～4 倍，抑制共振产生的不利影响即可。

2.7.7　案 例 点 评

本案例对降噪措施效果分阶段监测是合理的。噪声控制最根本的解决方法是源头控制，该实例采用两次治理，分别为传播途径控制及噪声源控制。在传播途径控制降噪效果一般的情况下，利用监测数据发现 250Hz 为噪声源特征频率，采用更换电磁炉的噪声源控制方式对制订噪声控制措施有指导意义。

作者信息：
孙元俊（上海市杨浦区环境监测站）
江畅兴（上海市杨浦区环境监测站）
陆优兰（上海市杨浦区环境监测站）

2.8 KTV 夜间噪声扰民投诉监测

本节案例讲述了对于营业期间无法测量背景噪声的情况，通过场景复原的方式开展 KTV 噪声扰民投诉监测。本案例的关键是投诉业主、噪声扰民方及委托监测单位三方同意并签字确认。

2.8.1 事件描述及主要声源分析

某小区业主投诉小区东侧 A-KTV 夜间音响设备噪声扰民。广元市某环境监测机构开展了监测。

通过实地踏勘，A-KTV 位于投诉业主所在小区东侧，主要噪声源是 A-KTV 营业时的音响设备噪声。

A-KTV 位于 2 楼，共计 12 个包间，分东西排布，该 KTV 东侧、南侧、西侧、北侧均临近道路。东侧、南侧邻近道路为城市次干路，北侧为城市主干路，车流量大；西侧为 10m 宽的步行街，人流集中，声音嘈杂。该 KTV 东南侧有同性质的 B-KTV。平面位置关系见图 2.18。

B-KTV 营业会干扰对 A-KTV 的噪声测量，因此监测时需要避开道路噪声和 B-KTV 营业噪声的干扰。

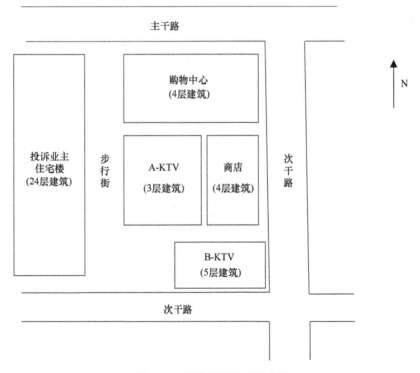

图 2.18 平面位置关系示意图

2.8.2　监　测　方　案

1. 执行标准分析

A-KTV 属于营业性文化娱乐场所，被投诉噪声属于《社会生活环境噪声排放标准》（GB 22337—2008）规定的社会生活噪声，所以边界噪声执行该标准。

根据《广元市声环境功能适用区域划分规定》（广府发〔2014〕25 号），投诉业主生活的小区和被投诉 KTV 所在地区均属于 2 类声环境功能区。被投诉 KTV 执行《社会生活环境噪声排放标准》（GB 22337—2008）2 类声环境功能区标准限值，昼间限值为 60 dB（A），夜间限值为 50dB（A），见表 2.23。

表 2.23　社会生活噪声排放源边界噪声排放限值　　　［单位：dB（A）］

边界外声环境功能区类别	昼间	夜间
2 类区	60	50

2. 监测内容

1）在 A-KTV 正常营业状态下测量边界排放噪声。

2）在 A-KTV 停止营业时测量背景噪声。

3. 监测时间

A-KTV 营业时间为 17:00 至次日 2:00，根据投诉业主的要求，选择在夜间时段进行测量。

A-KTV 位于繁华地段，22:00 至次日 2:00 步行街吃烧烤、喝啤酒的人为喧闹声、周边道路交通噪声及东南方的 B-KTV 营业噪声很大，且无法停止，干扰对 A-KTV 的噪声测试工作。为避开这些背景噪声的干扰，客观反映 A-KTV 噪声污染的真实情况，通过与投诉业主、A-KTV 负责人及广元市环境监察执法支队相关人员商讨后确定 3:00～4:00 为噪声测量时段。

该时段步行街没人，道路车流量较少，B-KTV 停止营业，背景干扰可以忽略。

但选择该时段监测存在的问题是如何保证 A-KTV 正常营业时的工况。通过与投诉业主、A-KTV 负责人及广元市环境监察执法支队相关人员商讨，要求所有包间音响设备全部打开，调节音量到 70 档（最高档为 90 档，70 档略高于最大工况的 75%），并点歌开原唱，作为 A-KTV 正常营业的运行工况。该监测方案得到了投诉业主、A-KTV 负责人和广元市环境监察执法支队相关工作人员的同意并签字确认。

测量选择具有代表性的工作时段，20min。

4. 监测点位

在 A-KTV 二楼西侧边界外 1m 处布设边界噪声测点，记为 1#测点，见图 2.19。

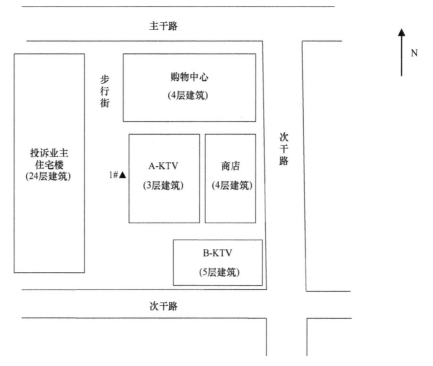

图 2.19 测点布设示意图
▲代表边界噪声测点

测点的布设征求了投诉业主和 A-KTV 负责人的意见,得到了投诉业主和 A-KTV 负责人的认可。

5. 监测仪器

HS6288E 型 2 级声级计;ND9 型 2 级声校准器。监测仪器均在检定有效期内。

6. 监测条件

测量期间要求 A-KTV 处于监测方案规定的工作状态,同时投诉业主认可测量时的噪声排放情况。

测量期间的测量条件符合标准要求,无雨雪、无雷电,风速为 0.3m/s。

声级计测量前校准值为 93.8dB,测量后校验值为 93.9dB,偏差小于 0.5dB。

2.8.3 监测结果

根据《社会生活环境噪声排放标准》(GB 22337—2008)中的测量结果修正表进行修正,噪声监测结果见表 2.24。

表 2.24 噪声监测结果

测点位置	监测时段	等效 A 声级/ [dB(A)]		
		实测值	背景值	修正结果
1#(A-KTV 边界噪声)	3:00～4:00	58.2	48.8	57

2.8.4　结　果　评　价

1#测点夜间噪声测量值超过《社会生活环境噪声排放标准》（GB 22337—2008）中2类声环境功能区环境噪声排放限值，超标 7dB（A）。

2.8.5　案　例　点　评

本次监测的优点是根据实际情况选择监测时段，克服了附近道路交通噪声等其他噪声源的影响，动员多方进行了工况和背景噪声的控制，并且模拟了各方均接受的工况，但是仍有如下应注意的问题。

1）北侧的主干道和南侧的次干路与测点之间没有遮挡，应标注道路与测点之间的距离，确定测点位置是否位于 4a 类区，从而确定执行的评价标准。

2）监测工况的依据不合适，按照一般的竣工验收要求，达到 75%的工况是可以的，但更应该符合投诉方的主观感受，同时避免投诉方的过高要求。

3）对这一类噪声源功率可调的对象进行监测时，应在室内设备旁边同步监控主要声源的水平。本案例中，建议找到对投诉业主影响最大的一个或几个 KTV 包厢，布设声级计，与室外的边界噪声排放监测点同步监测，并在报告中成对体现监测结果。

4）对于投诉监测，为反映投诉对象所处的声环境状况，建议在投诉对象处也布设监测点位。

作者信息：
宋冲（广元市环境监测中心站）
陈林（广元市环境监测中心站）
赵洪兵（广元市环境监测中心站）

第 3 章 工业企业厂界
噪声监测案例

3.1 办公大楼中央空调主机噪声
治理前后监测

本节案例讲述了某机关办公大楼分体式中央空调主机在原来的基础上加装风机消声弯头及两层隔声屏障等治理措施前后对边界、敏感点及对机关办公大楼自身办公场所的影响,针对昼间、夜间不同工况进行测量,结合背景噪声监测值对监测结果进行修正,获取更科学、更准确、更有代表性、更真实的数据。

3.1.1 事 件 描 述

某环境监测机构受理某机关单位先后两次监测委托。两次委托监测目的相同,主要包括两个方面:一是了解机关办公大楼分体式中央空调主机正常运行时的噪声排放是否达标;二是了解机关办公大楼分体式中央空调主机正常运行时对机关办公大楼自身办公场所的影响情况。第一次监测时,委托方要求在机关办公大楼空调主机实际使用的工况下进行监测(昼间 13 台分体式中央空调主机全部运行时的工况、夜间只开 1 台分体式中央空调主机时的工况),第二次监测是在中央空调主机加装风机消声弯头及两层隔声屏障等治理措施后进行。

机关办公大楼共 16 层,东面、南面均是商业大厦,西面是道路(支路),北面隔道路(距离约 6m)为居民楼。

治理中在一层地面分体式中央空调主机周围东面、西面、北面分别设有两层隔声屏障,南面设有一层隔声屏障(约 3m 高),如果只在边界地面处布点进行监测,所得监测结果不能反映其治理后实际排放状况,所以在噪声敏感建筑物户外增设布点。监测现场周边情况平面示意图详见图 3.1。

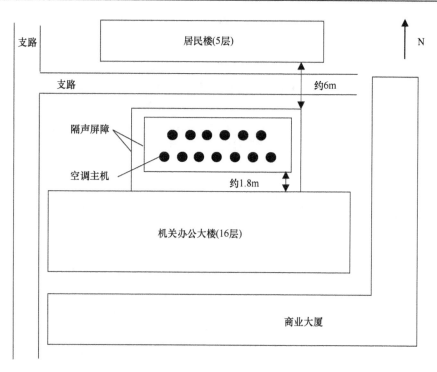

图 3.1　监测现场周边情况平面示意图

3.1.2　监测依据

1)《工业企业厂界环境噪声排放标准》(GB 12348—2008)。

2)《环境噪声监测技术规范　噪声测量值修正》(HJ 706—2014)。

3)委托合同中的相关测试要求:针对昼间、夜间空调主机实际使用不同工况进行监测,以及在加装风机消声弯头及两层隔声屏障等治理措施前后进行监测。

3.1.3　监测方案

1. 主要声源分析

根据现场勘察情况,确定本次监测的主要声源是机关办公大楼北面首层地面的 13 台分体式中央空调主机,空调主机以一排 6 台、一排 7 台两排并列。昼间机关办公大楼共 16 层,均正常使用,13 台分体式中央空调主机全部运行;夜间只有 1 间应急值班室正常使用,1 台分体式中央空调主机运行就能满足需求。治理前在空调主机群旁 1m 处,昼间、夜间噪声测量值分别为 70.9 dB(A)和 60.8 dB(A);治理后昼间、夜间噪声测量值分别为 68.5 dB(A)和 58.3 dB(A)。

2. 执行标准分析

被测的某机关办公大楼属于《工业企业厂界环境噪声排放标准》(GB12348—2008)

规定的机关、事业单位、团体等对外环境排放噪声的单位。根据《广州市〈城市区域环境噪声标准〉适用区域划分》（广州市人民政府 1995 年 5 月 26 日以穗府[1995]58 号文批转印发），该机关大楼属于 2 类声环境功能区，边界噪声及户外敏感点噪声执行 2 类声环境功能区标准；评价机关办公大楼自身办公场所产生影响的观测点噪声建议参考相同声环境功能区标准进行评价。标准限值见表 3.1。

表 3.1 工业企业厂界环境噪声排放限值 ［单位：dB（A）］

声环境功能区类别	昼间	夜间
2 类区	60	50

3. 监测内容

（1）治理前

昼间 13 台分体式中央空调主机全部运行时的噪声对厂界及机关办公大楼自身办公场所的影响，夜间只开 1 台分体式中央空调主机时的噪声对厂界及机关办公大楼自身办公场所的影响。

（2）治理后

相同工况下，对厂界、机关办公大楼自身办公场所及噪声敏感建筑物的影响。

（3）背景噪声

根据现场勘察及测量情况，初步判定机关办公大楼西面道路（非交通干线）及北面道路（约 6m）有车辆经过对监测结果有一定的影响，需对监测结果进行修正，在具体测量过程中，背景噪声的监测点位及声环境条件与噪声源监测时尽量保持一致。

4. 监测时间

1）分别在昼间、夜间两个时段测量。昼间 14:00～15:00，夜间 22:30～23:30。

2）声源特性判定：首先通过多次的 1min 等效 A 声级测量，在分体式中央空调主机外 1m 处，昼间噪声测量结果分别为：等效 A 声级为 70.7 dB（A）、最小值和最大值为 68.8～72.5 dB（A），声级起伏大于 3dB（A），判定声源噪声是非稳态噪声，需要测量被测声源有代表性时段的等效 A 声级。背景噪声的测量时长与被测声源测量时长相同。

5. 监测仪器

测量仪器和校准仪器检定合格并在有效期内。测量仪器为 AWA6288 型 1 级多功能噪声统计仪和 AWA6221A 型 1 级声校准器。监测前校准值均为 93.8dB，监测后校验值均为 93.9dB，监测前后示值偏差均小于 0.5dB，监测结果有效。

6. 监测点位

（1）布点原则

在距离噪声敏感建筑物较近及受被测声源影响大的位置布设监测点。

（2）监测布点

治理前，在单位边界外 1m 处设置厂界测点（2#测点），在机关办公大楼和空调主机之间设置 1 个测点（1#测点）作为大楼自身评价的观测点。根据《工业企业厂界环境噪声排放标准》（GB 12348—2008）5.3.2 测点位置的一般规定，测点选在工业企业厂界外 1m、高度 1.2m 以上、距离任一反射面不小于 1m 的位置。空调主机与机关办公大楼距离约为 1.8m，间距太小，1 楼户外不能满足布设监测点（观测点）的要求，所以将 1#测点设在机关大楼 2 楼档案室窗外 1m 处。

治理后，除在治理前与监测点位相同的位置布设点位之外，在北面居民楼 202 室阳台外 1m 增设噪声敏感建筑物户外监测点（3#测点）。这主要是因为首层分体式中央空调主机距离敏感建筑物较近，且治理后空调主机周围东面、西面、北面设有两层隔声屏障，按照 5.3.3.2 规定，在厂界无法测量到声源的实际排放状况时（如声源位于高空、厂界设有隔声屏障等），按测点位置的一般规定设置测点，同时在受影响的噪声敏感建筑物户外 1m 处另设测点。监测点位布设示意图详见图 3.2。

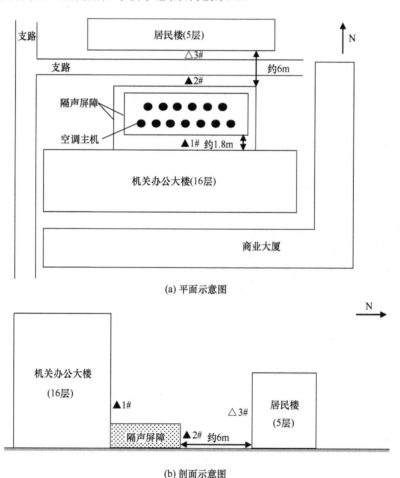

图 3.2　监测点位布设示意图

1#观测点和 3#敏感点高约 4.5m，2#边界噪声点高约 1.5m，声屏障高约 3m；▲代表厂界噪声测点，△代表敏感点噪声测点

7. 监测条件

监测期间的测量条件符合标准要求，无雨雪、无雷电，风速为 3.0m/s。测量时传声器加防风罩。

3.1.4　监测结果

根据《工业企业厂界环境噪声排放标准》（GB 12348—2008）和《环境噪声监测技术规范　噪声测量值修正》（HJ 706—2014）中的相关规定对测量结果进行修正，治理前昼间噪声监测结果详见表 3.2，治理前夜间噪声监测结果详见表 3.3，治理后昼间噪声监测结果详见表 3.4，治理后夜间噪声监测结果详见表 3.5。

表 3.2　治理前昼间噪声监测结果　　　　　　　　　　　［单位：dB（A）］

测点号	测点位置	等效声级			标准	超标值
		实测值	背景值	修正结果		
1#	机关办公大楼 2 楼档案室窗外 1m	64.7	56.2	64	60*	4
2#	北边界外 1m	63.6	56.4	63	60	3

*数据为参考标准。

注：监测时首层地面 13 台空调主机全部正常运行。

表 3.3　治理前夜间噪声监测结果　　　　　　　　　　　［单位：dB（A）］

测点号	测点位置	等效声级			标准	超标值
		实测值	背景值	修正结果		
1#	机关办公大楼 2 楼档案室窗外 1m	54.6	48.3	54	50*	4
2#	北边界外 1m	53.9	48.5	52	50	2

*数据为参考标准。

注：监测时首层地面 1 台空调主机正常运行，空调主机靠近北边。

表 3.4　治理后昼间噪声监测结果　　　　　　　　　　　［单位：dB（A）］

测点号	测点位置	等效 A 声级			标准	超标值
		实测值	背景值	修正结果		
1#	机关办公大楼 2 楼档案室窗外 1m	60.4	56.2	58	60*	—
2#	北边界外 1m	60.1	56.4	58	60	—
3#	北面居民楼 202 室阳台外 1m	60.2	56.3	58	60	—

*数据为参考标准。

注：监测时首层地面 13 台空调主机全部正常运行。

表 3.5　治理后夜间噪声监测结果　　　　　　　　　　　［单位：dB（A）］

测点号	测点位置	等效 A 声级			标准	超标值
		实测值	背景值	修正结果		
1#	机关办公大楼 2 楼档案室窗外 1m	51.3	48.2	48	50*	—
2#	北边界外 1m	51.0	48.3	48	50	—
3#	北面居民楼 202 室阳台外 1m	53.1	48.2	51	50	1

*数据为参考标准。

注：监测时首层地面 1 台空调主机正常运行，空调主机靠近北边。

3.1.5 结 果 评 价

该机关办公大楼的分体式中央空调主机治理后，取得了一定的治理效果，降低了对自身办公场所和边界环境的影响。

厂界噪声监测点（1#测点）和大楼自身观测点（2#测点）的监测结果达到《工业企业厂界环境噪声排放标准》（GB 12348—2008）2 类声环境功能区标准。

户外敏感点（3#测点）夜间噪声监测结果超过《工业企业厂界环境噪声排放标准》（GB 12348—2008）2 类声环境功能区标准。

3.1.6 注 意 事 项

1）当厂界无法测量到声源的实际排放状况时，要在受影响的噪声敏感建筑物户外1m 处增设测点，监测结果有可能出现厂界处测点测值达标、敏感点超标、排放评价超标的情况，这样才能更客观、更准确地评价其实际排放状况。

2）开展针对治理前后的对比委托监测，在测量背景噪声时监测人员不但要先确认噪声来源，尽可能排除其他声源之后，在不受被测声源影响，且在测量时，其他声环境与被测声源尽量保持一致的条件下监测该点位的背景噪声。

3.1.7 案 例 点 评

本案例的优点是根据实际情况进行了比较详细的测量，考虑了背景噪声的主要来源，避免了背景噪声的较大差异。通过多次对声源进行监测以确定稳态特性，对确定实际监测时长及选择监测时间具有一定的借鉴作用。在以下几个方面需要注意。

1）治理前未布设敏感点户外测点（3#测点），无法做治理前后的比较，有所欠缺。

2）地面空调机组占地面积较大（13 台机组），声屏障较高，噪声对上方的贡献是主要的，测点位置有可能不够高，应该增加上方不同高度测点的测值，用垂直断面的最大值进行评价。

3）应该确定空调机组的工作状态。一般来说，空调机组定频运行时是典型的稳态声源，也是噪声最大的状态。

4）背景噪声包括交通噪声的影响，应尽可能避开，以减小对监测结果的影响。

作者信息：
陈鸿展（广州市环境监测中心站）
张树杰（广州市环境监测中心站）
胡丹心（广州市环境监测中心站）

3.2　化工企业厂界噪声监测

该案例讲述典型的边界噪声受背景噪声影响的监测，且被测噪声源短时间内不能停止排放，结合《中华人民共和国环境保护税法》进行科学布点，解决了背景噪声监测所采用的办法，剖析该次监测存在的共性和特性，探讨此类监测及评价的技术要点和疑点，对如何更好地开展背景噪声监测进行深入思考。

3.2.1　事　件　描　述

广州市某环境监测机构受理某化工企业厂界夜间噪声超标的复测委托（签订委托合同），根据现场调查，企业东南侧距离厂界 50m 处为交通主干道，西南侧为其他企业厂房，西北侧为一条河流，东北侧为支路（非交通干线）。比较明显的声源主要为 1#厂房的排风机组的噪声、空压机噪声和焚烧炉系统噪声。声源及周边位置关系示意图见图 3.3。

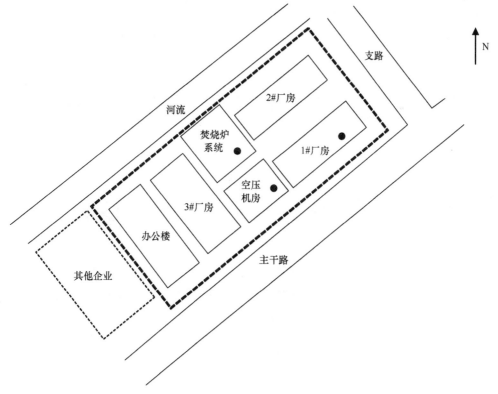

图 3.3　声源及周边位置关系示意图

●代表声源

3.2.2　监　测　依　据

1)《工业企业厂界环境噪声排放标准》(GB 12348—2008)。

2)《环境噪声监测技术规范　噪声测量值修正》(HJ 706—2014)。

3.2.3　监测方案

1. 主要声源分析

根据现场调查,比较明显的声源主要为1#厂房的排风机组的噪声、空压机噪声和焚烧炉系统噪声。通过初步测量,排风机组旁1m处的噪声测量值为71.5 dB(A)、空压机旁1m处的噪声测量值为82.4 dB(A)、焚烧炉系统旁1m处的噪声测量值为81.2 dB(A),厂区其他位置处噪声测量值为60.0 dB(A)左右,因此确定这三处为主要声源。

初步判定周边背景噪声主要来源于东南面交通主干道运输车辆噪声和西南侧其他企业厂房。

2. 执行标准分析

根据企业提供的环评批复文件及广州市人民政府1995年5月26日以穗府[1995]58号文批转印发《广州市〈城市区域环境噪声标准〉适用区域划分》的规定,该企业属于2类声环境功能区。边界执行2类声环境功能区标准,昼间限值为60dB(A),夜间限值为50dB(A)。详见表3.6。

表3.6　工业企业厂界环境噪声排放限值　　　　　　　　[单位:dB(A)]

声环境功能区类别	昼间	夜间
2类区	60	50

3. 监测内容

(1)厂界噪声监测

监测企业正常生产时(企业生产负荷达到85%以上)产生的噪声对边界的影响。

(2)背景噪声监测

为准确分析企业噪声源对周边的影响,需要扣除企业噪声源之外的其他一切噪声。企业24h生产,被测噪声源在短时间内不能停止排放,考虑设备停机检修时测量背景噪声或者选择声环境状况相近的区域监测背景噪声。

1)设备停机检修时测量背景噪声。该方法不容易引起对监测结果的争议,是最为稳妥的做法,但需要企业的配合,否则需要很长时间的等待。

2)选择参照点监测背景噪声。经现场踏勘,在厂区内选取的背景噪声参照点测得的背景噪声与噪声测量值相差3.3dB,不满足《环境噪声监测技术规范 噪声测量值修正》(HJ 706—2014)中"此方法仅用在背景噪声与噪声测量值相差4.0 dB 以上时,相差4.0 dB 以内时不得采用"的相关规定。

最后通过与企业的反复沟通,双方确定选择"待设备停机检修时测量背景噪声"。企业调整了生产计划,提前进行年度检修,利用年度检修设备停机的机会进行背景噪声的监测。在具体测量过程中,测量背景噪声与测量噪声源时的声环境基本保持一致。

4. 监测时间

按企业的委托仅对夜间噪声进行监测。选择在 22:15～23:40 进行监测。

5. 监测仪器

测量仪器和校准仪器检定合格并在有效期内使用，所用测量仪器为 AWA6288 型 1 级多功能噪声统计仪和 AWA6221A 型 1 级声校准器。监测前校准值为 93.8dB，监测后校验值为 93.7dB，监测前后示值偏差均小于 0.5dB，监测结果有效。

6. 监测点位

根据生产设备的实际布设情况，在与 1#厂房排风机组、空压机房和焚烧炉系统 3 个主要噪声源相邻的厂界处布设了 3 个厂界测点，即 1#测点、2#测点和 3#测点。根据《工业企业厂界环境噪声排放标准》（GB12348—2008）5.3.2 对测点位置的一般规定，测点选在工业企业厂界外 1m、高度 1.2m 以上、距离任一反射面不小于 1m 的位置。详见图 3.4。

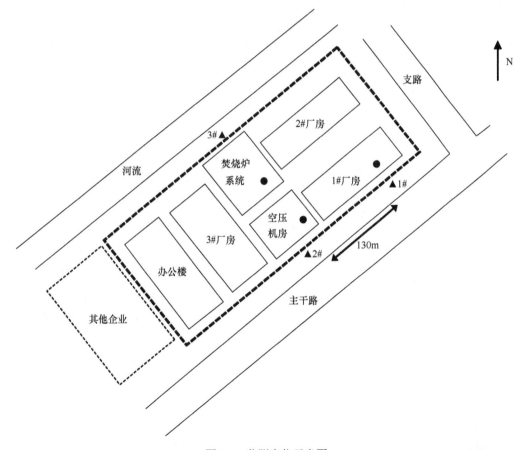

图 3.4　监测点位示意图

●代表声源，▲代表厂界噪声测点

7. 监测条件

监测期间的测量条件符合标准要求，无雨雪、无雷电，风速为 2.9m/s。测量时声级计固定在三脚架上，固定在三脚架上的传声器距离地面高度 1.2m 以上、距离任一反射面不小于 1m 的位置，测量时传声器加防风罩。

3.2.4　监　测　结　果

根据《工业企业厂界环境噪声排放标准》（GB 12348—2008）和《环境噪声监测技术规范 噪声测量值修正》（HJ 706—2014）中的相关规定对测量结果进行修正，夜间噪声监测结果见表 3.7。

表 3.7　夜间噪声监测结果　　　　　　　　［单位：dB（A）］

测点号	等效声级			标准	超标值
	实测值	背景值	修约结果		
1#	55.2	51.9	52	50	2
2#	55.1	51.4	53	50	3
3#	49.1	—	49*	50	—

*数据为达标数据，按照《环境噪声监测技术规范 噪声测量值修正》（HJ 706—2014）要求仅做修约，未做修正。
注：实测值为正常生产工况下的测量值，背景值为年度检修工况下的测量值。

3.2.5　结　果　评　价

1#测点和 2#测点超出《工业企业厂界环境噪声排放标准》（GB 12348—2008）厂界外 2 类声环境功能区的夜间排放限值，分别超标 2dB（A）和 3dB（A）。

3#测点符合《工业企业厂界环境噪声排放标准》（GB 12348—2008）厂界外 2 类声环境功能区的夜间排放限值。

3.2.6　总　　　结

在开展工业企业噪声监测时建议与环保法律法规相结合，特别是 2018 年 1 月 1 日开始实施《中华人民共和国环境保护税法》，工业企业噪声监测应按照环境保护税税目税额表"一个单位边界上有多处噪声超标，根据最高一处超标声级计算应纳税额；当沿边界长度超过 100m 有两处以上噪声超标，按照两个单位计算应纳税额"的有关要求进行监测布点和填报环保税。

在本次化工企业厂界噪声监测踏勘时，监测人员根据声源的位置及相关标准规范设置多个边界测点，且在监测示意图上标注清楚本次位于东南边界的 2 个测点间（1#、2#）的距离超过 100m，并在出具监测结果报告后告知企业其沿边界长度超过 100m 有两处以上噪声超标，应在填报环保税时按照两个单位计算应纳税额。

噪声监测是一门实践性很强的学科，测量现场环境具有多变性，要求监测人员测量背景噪声应优先选择设备停机检修时进行，不满足条件时，利用项目初期本底调查数据或选择声环境相似的区域进行模拟测试。测量值与背景值之差小于 3dB（A）的情况，应采取措施降低背景噪声后重新测量，通过优化监测时段以减少背景噪声的影响，增加稳态噪声的测量次数，用延长非稳态噪声的测量时间等措施避免该情况发生，在按照监测技术规范监测的同时，着重从实际情况出发，理论联系实际，制定相应的、针对性强的监测方案，使监测结果真实反映噪声的排放情况，数据具有真实性和代表性，为声环境管理提供科学依据。

3.2.7 案 例 点 评

本案的优缺点如下。

1）通过了解企业生产规律及进行充分的前期摸底监测，在企业正常生产时不具备噪声背景值测量条件的情况下，主动要求企业配合监测需要，提出合理且可操作性强的背景噪声测量方式。

2）充分了解环保法律法规，明确监测目的，监测工作更有针对性，使环境监测数据更好地为企业和管理部门服务。

3）在设备停机检修时测量背景噪声，应注意开机与停机的时间间隔不能太长，否则无法保证二者的声环境一致。建议选择合适的时段和参照点测量背景噪声。

作者信息：
陈鸿展（广州市环境监测中心站）
张树杰（广州市环境监测中心站）
胡丹心（广州市环境监测中心站）

3.3　高空声源工业企业厂界环境噪声监测

本案例讲述了当存在高空声源时，厂界噪声测点受到建筑物遮挡，应在不受遮挡的敏感点布点监测，以取得更具有代表性的监测结果。本案例中应严格按规范监测背景噪声并扣除，以证明敏感点噪声的来源。

3.3.1　事 件 描 述

某环境监测机构受企业委托开展工业企业厂界环境噪声监测，以评价该企业正常生产时噪声排放是否达标。该企业声源在中心建筑楼顶，常规的厂界点位受到建筑物的遮挡，不能客观反映噪声排放情况。声源及敏感点位置示意图见图 3.5。

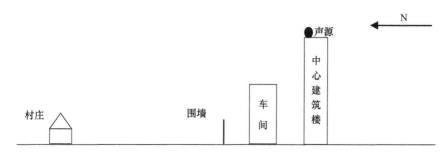

图 3.5　声源及敏感点位置示意图

3.3.2　监 测 依 据

1）《工业企业厂界环境噪声排放标准》（GB 12348—2008）。
2）《环境噪声监测技术规范　噪声测量值修正》（HJ 706—2014）。

3.3.3　监 测 方 案

1. 主要声源分析

该企业噪声源比较单一，主要声源为中心建筑楼顶的电动机，距离地面大概 40m。该电动机是企业生产的重要动力源，企业只要有生产，电动机就必须正常运行。在噪声源旁 1m 处布点测量，了解声源的噪声排放情况，测量结果为：L_{eq} 87dB（A）、L_{max} 94dB（A）、L_{min} 80dB（A）。根据声源测量结果可判断声源噪声为非稳态噪声，且为连续周期性噪声。

2. 执行标准分析

根据企业环评批复和验收情况，厂界噪声执行《工业企业厂界环境噪声排放标准》

（GB 12348—2008）2 类声环境功能区标准，昼间限值为 60dB（A）。

3. 监测内容

1）在企业正常生产状态下测量厂界和敏感点噪声。

2）在企业停产时测量厂界和敏感点背景噪声。

4. 监测时间

根据企业生产情况，监测时间确定在企业正常生产高峰期，电动机设备运行负荷的最大时段，即 15:00～16:00。正常生产工况期间的监测完成后尽快停机，在外部声环境变化最小的情况下尽快开展背景噪声监测。背景噪声监测时间长度与厂界噪声测量时间长度一致。

5. 监测仪器

AWA5688 型多功能噪声分析仪（2 级）。

AWA6221B 型声校准器（2 级）。

测量前校准值为 93.8dB，测量后校验值为 93.8dB，测量前后示值偏差小于 0.5dB。监测仪器均在检定有效期内。

6. 监测条件

测量时无雨雪、无雷电，风速为 1.0m/s。

7. 监测点位

根据《工业企业厂界环境噪声排放标准》（GB 12348—2008）5.3 测点位置的规定，结合现场调查情况，企业厂界噪声布点情况如下。

企业主要声源位于中心建筑楼顶 40m 高空，噪声传播到厂界时被其他建筑物（车间）遮挡。企业北面 80m 有敏感点（村庄）。为了更加客观、全面地评估企业噪声排放情况，在企业的北厂界外 1m、高 1.2m 处布设两个厂界噪声测点（1# 和 2#），同时在村庄住户外 1m、高 1.2m 处布设 1 个敏感点噪声测点（3#）。见图 3.6。

8. 监测注意事项

因所选敏感点离厂界有 80m 的距离，在监测前与敏感点位置负责人沟通，以尽量降低敏感点的背景噪声（如村庄内的车辆行驶发出的噪声、居民的生活噪声等），使测量值能真实反映生产噪声对敏感点的影响。即使厂界位置噪声不超标而敏感点位置噪声超标，也能证明敏感点噪声超标是由生产噪声引起的。因此，必须注意严格按规范进行背景扣除，尽可能排除其他声源之后再启动监测，并在周边条件不变的情况下，要求企业关闭声源，再监测该点位的背景噪声。

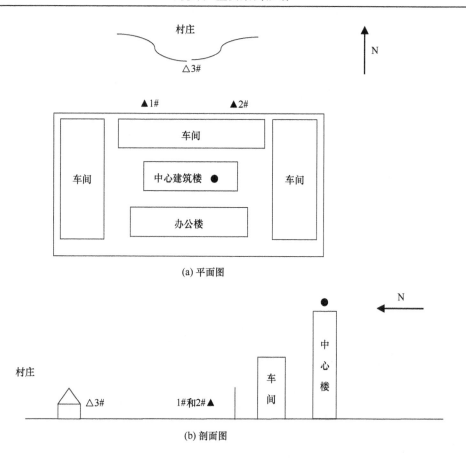

图 3.6　测点布设示意图

●代表声源，▲代表厂界噪声测点，△代表敏感点噪声测点

3.3.4　监测结果

根据《工业企业厂界环境噪声排放标准》（GB 12348—2008）5.7 及《环境噪声监测技术规范　噪声测量值修正》（HJ 706—2014）进行背景修正，噪声监测结果见表 3.8。

表 3.8　噪声监测结果

测点号	测点位置	等效 A 声级/［dB（A）］			标准限值/［dB（A）］
		实测值	背景值	修约结果	
1#	北厂界外 1m 处	58.3	52.1	57	60
2#	北厂界外 1m 处	57.4	52.3	55	60
3#	北面敏感点	62.1	52.0	61	60

3.3.5　结果评价

厂界测点 1#和 2#符合限值要求。敏感点测点 3#超过该标准限值。因此，该企业厂界环境噪声监测最终评价为超标。

3.3.6　案　例　点　评

本案例重点监测高空声源对周边环境的影响，在厂界无法测量到高空声源排放对厂界的实际影响的情况下，应在厂界及受影响敏感建筑户外同时布点实施监测。

作者信息：
李富明（东莞市环境监测中心站）
万开（东莞市环境监测中心站）
黄伟峰（东莞市环境监测中心站）

3.4　造纸企业噪声扰民监测

本节案例讲述了造纸企业风机及其他设备对厂区外居民高层住宅的影响,强调了测量时,当厂界无法测量到声源的实际排放状况时,应同时在受影响的敏感建筑户外设点监测。

3.4.1　事件描述

某环境监测机构受环境监察支队委托,对一起造纸企业厂界噪声扰民的信访投诉进行处理。根据投诉人反映,该造纸企业车间风机昼夜连续运行,严重影响居民正常生活。该环境监测机构派两名技术人员随监察支队执法人员前往实地查看,投诉人小区 1 幢 303 室位于企业厂区西北面,与厂界相隔一条河流,距离约为 35m。平面分布示意图见图 3.7。

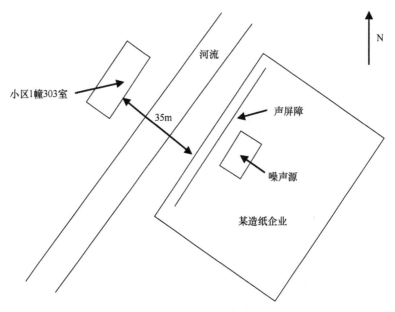

图 3.7　平面分布示意图

3.4.2　监测依据

1)《工业企业厂界环境噪声排放标准》(GB 12348—2008)。
2)《环境噪声监测技术规范　噪声测量值修正》(HJ 706—2014)。

3.4.3　监测方案

1. 主要声源分析

该造纸企业主要声源为车间使用的风机及其他排风装置,设备 24h 连续运行,声源状态稳定，产生的噪声对投诉人生活，特别是夜间休息产生影响。因此，本次监测对象为该企业西北侧厂界夜间噪声。

2. 执行标准分析

被投诉噪声属于《工业企业厂界环境噪声排放标准》（GB 12348—2008）规定的工业企业厂界环境噪声。根据该市声环境功能区划，该投诉业主生活的小区属于 3 类声环境功能区。

投诉业主住宅室外执行 3 类声环境功能区标准，夜间限值为 55dB（A）（表 3.9）。

表 3.9　工业企业厂界环境噪声排放限值

厂界外声环境功能区类别	夜间/［dB（A）］
3 类区	55

3. 监测内容

1）在企业正常生产工况下测量排放噪声。

2）在不受被测声源影响且在与测量被测声源时保持一致的地点测量背景噪声。

4. 监测时间

噪声源工作状态稳定，结合投诉人的生活习惯，征求投诉人意见后将监测时间定在 22:00 以后，按稳态噪声测量 1min。

5. 监测仪器

AWA5680 型多功能噪声分析仪（2 级）。

AWA6222A 型声校准器（1 级）。

测量前校准值为 93.8dB，测量后校验值为 93.8dB，测量前后示值偏差小于 0.5dB。

监测仪器均在检定有效期内。

6. 监测点位

由现场调查可知，在企业西北面厂界设有高约 7m 的声屏障，按厂界布点无法测量到声源的实际排放状况。投诉人住房与厂界相隔一条河，位于 3 楼（高于厂界附近声屏障），为噪声敏感建筑物，具有较好的监测条件，因此，作为噪声敏感点与厂界同时测量。1#测点布设于西北面厂界外 1m、高于围墙 0.5m 处，2#测点布设于投诉业主住房小区 1 幢 303 室东南面卧室窗外 1m 处，背景噪声对照点布设于投诉人住房北窗外 1m 处（除不受噪声源噪声影响，其他声环境与测点相近）。测点位置详见图 3.8、图 3.9。测点的布设得到了投诉人和环境监察支队执法人员的确认。

7. 监测条件

测试期间无雨雪、无雷电，风速为 1.5m/s，企业生产工况正常。

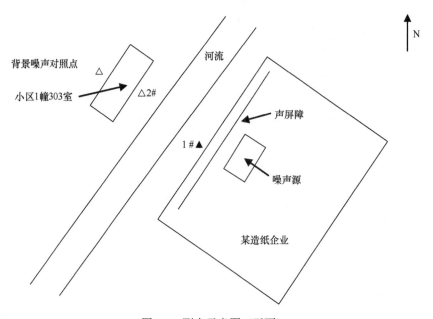

图 3.8　测点示意图（平面）
▲代表厂界噪声测点，△代表敏感点噪声测点

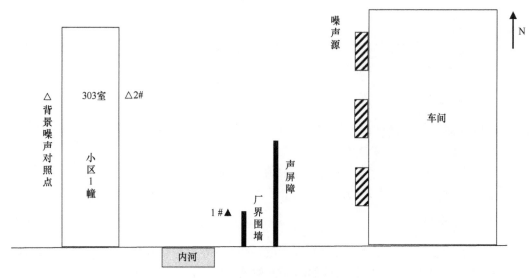

图 3.9　测点示意图（立面）
▲代表厂界噪声测点，△代表敏感点噪声测点

3.4.4　监 测 结 果

根据《工业企业厂界环境噪声排放标准》（GB 12348—2008）及《环境噪声监测技术规范 噪声测量值修正》（HJ 706—2014）中的测量结果修正表进行修正，噪声监测结果见表 3.10。

表 3.10　噪声监测结果

测点号	测点位置	监测时段	等效 A 声级/［dB（A）］		
			实测值	背景值	修正结果
1#	西北面厂界外 1m	夜间（22:01）	56.3	48.3	55
2#	投诉业主东南面卧室窗外 1m	夜间（22:50）	59.2	45.8	59

3.4.5　结 果 评 价

1#测点达到《工业企业厂界环境噪声排放标准》（GB 12348—2008）中 3 类声环境功能区夜间厂界环境噪声标准。

2#测点超过《工业企业厂界环境噪声排放标准》（GB 12348—2008）中 3 类声环境功能区夜间厂界环境噪声标准。

3.4.6　总 结 说 明

本次监测中，被测造纸企业在厂界内靠近声源处加装了声屏障，起到了一定的隔声效果，1#测点（厂界外 1m 处）监测结果达标，但距离该企业较近处有噪声敏感建筑物，且高于声屏障高度，受声源影响大。根据《工业企业厂界环境噪声排放标准》（GB 12348—2008）5.3.3.2 的规定，当厂界无法测量到声源的实际排放状况时（如声源位于高空、厂界设有声屏障等），应按 5.3.2 的规定设置厂界测点，同时在受影响的噪声敏感建筑物户外 1m 处另设测点。因此，本次监测增加了 2#测点（敏感建筑物窗外 1m 处）。该测点高于声屏障，监测值可以较真实地反映声源的排放情况。虽然 2#测点在与声源距离上较 1#测点更远，但监测值更大，并且超过了标准限值，说明设置声屏障只能起到一定的改善作用，并不能使所有敏感点的噪声达标，需要进一步整改。

评价时，应该同时考虑厂界和敏感点两类测点的监测结果。

3.4.7　案 例 点 评

1）本案例部分声源位于高空，厂界建有隔声屏障，但无法完全隔离声源对周边环境的影响。因此，选择高于隔声屏障并与声源等高的敏感点进行监测。

2）鉴于声源连续工作，无法停止，本案例依据《环境噪声监测技术规范 噪声测量值修正》（HJ 706—2014）规范选择了背景噪声参照点。建议在把背景噪声参照点作为边界测点和敏感点的共同背景参照点时，这 3 个测点实施同步监测，以避免背景的不稳定性对监测结果造成影响。

3）无法判定敏感建筑物受影响的最大楼层时，应适当增设不同楼层的测点。

4）背景噪声对照点布设依据不足。1#测点与 2#测点采用了相同的背景噪声对照点，二者声环境存在差异，建议分别布设背景噪声对照点。

作者信息：

张倩（宁波市环境监测中心）

3.5 风电项目竣工验收噪声监测

通过某风电项目竣工验收监测，重点阐述了风电项目的噪声监测布点、背景噪声监测、工况及气象条件等要求。

3.5.1 事件描述

某公司利用江苏沿海海岸线以内陆域已围垦垦区的空置地块，在风力发电场区新建了 19 台单机容量为 1500kW 的风力发电机组（以下简称风机），单台风机基础占地面积约为 20m×20m，风机之间的距离约为 450m，风力发电场区风机（1#～19#）平面布置示意见图 3.10。新建一座 220kV 升压变电站，这是整个风电场的控制中心，场区内所有风机电能通过升压变电站升压后接入外部电网，占地面积约为 160m×100m，升压变电站平面布置示意图见图 3.11。本案例 5#风机南侧约 50m 处有一养殖户临时用房，6#风机南侧约 300m 有一个村庄（在现场踏勘时监测到 6#风机噪声超标），除此之外，升压变电站及其余各风机塔基 150m 范围内无噪声敏感建筑物。

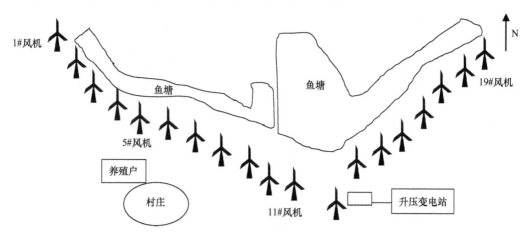

图 3.10 风力发电场区风机平面布置示意图（1#～19#，从左至右排序）

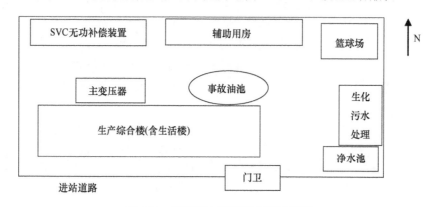

图 3.11 升压变电站平面布置示意图

3.5.2　监测依据

1）本案例监测依据有《某风电项目环境影响评价报告书》《关于对某风电项目环境影响报告书的批复》，报告书提出，升压变电站及各风机塔基 150m 噪声防护距离范围内不得新建居民住宅等噪声敏感建筑物。环评批复对噪声的要求是：合理布局，选用低噪声风电机组设备，确保噪声不扰民。风机周围和升压变电站厂界噪声执行《工业企业厂界环境噪声排放标准》（GB 12348—2008）3 类声环境功能区标准。

2）《建设项目竣工环境保护验收技术指南　污染影响类》（生态环境部公告，2018年第 9 号）。

3）《建设项目竣工环境保护验收技术规范　生态影响类》（HJ/T 394—2007）。

4）《关于风力发电机噪声监测执行标准有关问题的复函》（环函〔2002〕156 号）。

3.5.3　监测方案

1. 主要声源分析

风电项目主要产生噪声的设备为风机风轮叶片旋转和齿轮箱、发电机等部件，以及升压变电站内的主变压器、电抗器等。

因此，风电项目的噪声源主要是风机、升压变电站。

2. 执行标准分析

本风电项目风机周围、升压变电站厂界噪声执行《工业企业厂界环境噪声排放标准》（GB 12348—2008）3 类标准，即昼间 65dB（A），夜间 55dB（A）。

本风电项目所在地区声环境执行《声环境质量标准》（GB 3096—2008）2 类标准，即昼间 60dB（A），夜间 50dB（A）。

3. 监测内容

本案例共包括三项监测内容：

1）升压变电站厂界噪声。

2）风机厂界噪声及背景噪声。

3）风电场内噪声敏感点噪声及背景噪声。

4. 监测频次和时间

根据《建设项目竣工环境保护验收技术指南　污染影响类》6.3.4 验收监测频次确定原则要求，进行连续两天的噪声监测，每天昼间、夜间各 1 次。被测声源是稳态噪声，监测 1min 的等效 A 声级。

5. 监测仪器

AWA6228 多功能声级计（2 级）、AWA6221B 型声校准器（2 级）、Kestrel4500

风向风速仪,均通过计量检定,且均在有效期内使用。对于每次测量,测量前校准值均为 93.8dB,测量后校验值均为 93.8dB。测量前后示值偏差小于 0.5dB,测量结果有效。

6. 监测点位

根据环评批复要求,通过现场踏勘,结合风机布置,确定验收监测点位如下。

（1）升压变电站厂界噪声监测

升压变电站具有明显的厂界,类似工业类项目,根据厂界大小及升压变电站内的高噪声设备布局,在升压变电站厂界四周外 1m 布设噪声测点,并将测点位置布设在距离升压变电站内主要噪声源（如主变压器、电抗器）较近的位置,升压变电站厂界环境噪声监测点布置示意图见图 3.12。

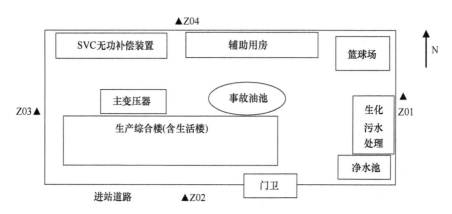

图 3.12　升压变电站厂界环境噪声监测点布置示意图
▲代表厂界噪声测点

（2）风机选择与风机噪声监测

根据风电场区风机布局、各台风机周边敏感建筑物情况,并结合项目环评报告书分析,本次验收风电场区 19 台风机中选择 6 台风机,进行了噪声监测。由于每台风机之间的距离约为 450m,两台或两台以上风机的噪声叠加影响很小,因此可将每台风机视为一个点声源,监测单台风机的运行噪声。根据《工业企业厂界环境噪声排放标准》（GB12348—2008）中对"厂界"的定义,应将单台风机机位的占地（征用或租用）作为单台风机的边界（厂界）。因此,监测单台风机厂界噪声时,噪声测点应该设置在风机机位占地边界（厂界）处,并根据风机桨叶转子迎风特性,将噪声测点布置在风机机位占地边界噪声较高的一侧,测点布置示意见图 3.13、图 3.14。

风机点位选择:①在风电场最外边界处布置 2#（2#风机左侧的 1#风机验收在监测时停机）、19#风机,编号为测点 Z05、Z10;②敏感建筑物附近布置 5#（南侧有养殖户）、6#（南侧有村庄居民住宅）风机,编号为测点 Z06、Z07;③环评中噪声预测分析的 9#风机,编号为测点 Z08;④在风电场内部边界突变处布置 12#风机（且与新建 220kV 升压变电站距离最近）,编号为测点 Z09。

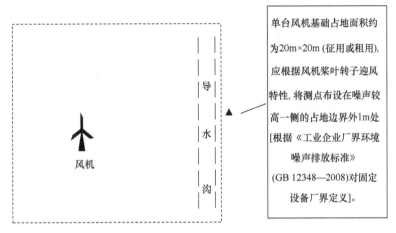

图 3.13　单台风机厂界环境噪声监测点示意图
▲代表厂界噪声测点

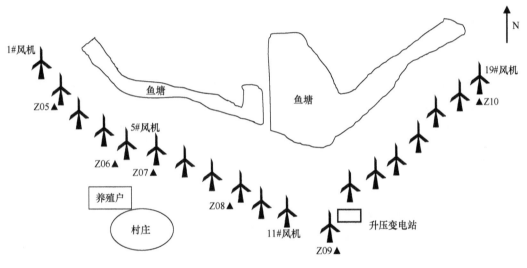

图 3.14　风电场区风机厂界环境噪声监测点示意图
▲代表厂界噪声测点

（3）噪声敏感建筑物噪声监测

升压变电站、风机噪声防护距离内如有噪声敏感建筑物，则在噪声敏感建筑物外布设噪声监测点。

本案例验收在 5#风机南侧养殖户临时用房外 1m 布设 1 个噪声测点（Z5-1）；在 6#风机南侧村庄居民住宅外 1m 布设 1 个噪声测点（Z6-1），测点布置示意图见图 3.15。

7. 风机背景噪声监测

方式一：监测时可要求企业配合，使被测风机停止运行，实施背景噪声的监测。

方式二：风机附近一般无人类活动，也可在不受被测风机噪声影响处监测背景噪声。

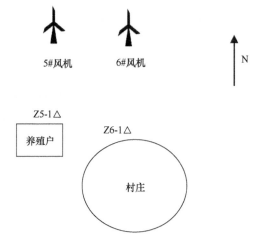

图 3.15　噪声敏感建筑物噪声监测点示意图

△代表敏感点噪声测点

3.5.4　监测期间工况及气象条件要求

风力发电是风机通过叶片转动，带动发电机组发电的过程，风机的运行工况及风机噪声的产生与气象因素密切相关。根据《建设项目竣工环境保护验收技术规范　生态影响类》（HJ/T 394—2007）中 4.5 验收调查运行工况要求，在风机正常运行的情况下即可对其进行噪声监测，不需要风机发电负荷达到设计发电负荷的 75% 以上。

根据《关于风力发电机噪声监测执行标准有关问题的复函》（环函〔2002〕156 号）"企事业单位噪声的监测应在无雨、无雪的气候中进行，风力为 5.5m/s 以上时停止测量"的规定不适用于风机噪声监测。

参照电力行业《风电场噪声限值及测量方法》（DL/T 1084—2008）中测量气象条件为"无雨、无雪、风速 12m/s 以下时进行"的规定，风机噪声监测可在"无雨雪、无雷电、风速 12m/s 以下时进行"。

在测量风机噪声时，应在噪声测量仪上安装专用装置，消除风力对噪声测量仪的影响；并现场监测、记录监测时段的气象参数，记录被测风机的运行工况（升压变电站控制室内可实时监控到各台风机的发电量）。

3.5.5　监 测 结 果

1）升压变电站厂界噪声监测结果与评价见表 3.11。升压变电站厂界外 4 个测点的两次昼间、夜间噪声监测结果均满足《工业企业厂界环境噪声排放标准》（GB 12348—2008）中 3 类标准要求。

2）风机厂界噪声监测结果与评价见表 3.12。被测风机的昼间、夜间厂界环境噪声监测结果均超标。

3）敏感点噪声监测结果与评价见表 3.13。风电场区 5#风机南侧约 50m 处养殖户临时用房外的昼间、夜间环境噪声监测结果均高于《声环境质量标准》（GB 3096—2008）中 2 类声环境功能区标准。6#风机南侧约 300m 村庄居民住宅外的昼间、夜间环境噪声监测结果均满足《声环境质量标准》（GB 3096—2008）中 2 类声环境功能区标准。

表 3.11　升压变电站厂界噪声监测结果与评价

监测点位	测量值/[dB（A）]		修约结果/[dB（A）]		测量值/[dB（A）]		修约结果/[dB（A）]	
	昼间	夜间	昼间	夜间	昼间	夜间	昼间	夜间
东侧（Z01）	52.1	51.4	52	51	51.3	50.7	51	51
南侧（Z02）	50.3	45.6	50	46	49.3	45.3	49	45
西侧（Z03）	50.4	46.3	50	46	49.7	44.9	50	45
北侧（Z04）	53.6	51.3	54	51	51.8	50.2	52	50
《工业企业厂界环境噪声排放标准》（GB 12348—2008）3 类标准	—	—	65	55	—	—	65	55
达标情况	—	—	达标	达标	—	—	达标	达标

注：①监测期间，晴天，风速小于 5m/s；②表中监测结果均达标，按照《环境噪声监测技术规范 噪声测量值修正》（HJ 706—2014）要求仅做修约，未做修正。

表 3.12　风机厂界噪声监测结果与评价

测点	昼间测量值			修约结果	夜间测量值			修约结果
	等效 A 声级/[dB（A）]	抽测风机工况（kW）	地面风速/（m/s）	等效 A 声级/[dB（A）]	等效 A 声级/[dB（A）]	抽测风机工况（kW）	地面风速/（m/s）	等效 A 声级/[dB（A）]
Z05	67.1	1288	4.0	67	68.0	1299	3.6	68
Z06	65.2	1295	3.0	65	65.4	1299	3.2	65
Z07	69.6	1296	3.5	70	70.1	1302	2.4	70
Z08	70.7	1289	3.4	71	71.2	1301	2.9	71
Z09	67.5	1299	4.2	68	68.0	1300	3.8	68
Z10	68.5	1299	4.1	68	68.9	1300	3.9	69
达标情况	—			各测点均超标	—			各测点均超标

注：①表中抽测风机工况为噪声监测时单台风机的瞬时功率；②监测期间，晴天，噪声主要来自风机旋转叶片，周围无其他噪声源；③各测点背景噪声均为 44dB（A）左右，噪声测量值与背景噪声值相差超过 10 dB（A），所以对测量结果仅做修约，不做修正。

表 3.13　敏感点噪声监测结果与评价

监测点位	昼间测量值			修约结果	夜间测量值			修约结果
	等效 A 声级/[dB（A）]	抽测风机工况/kW	地面风速/（m/s）	等效 A 声级/[dB（A）]	等效 A 声级/[dB（A）]	抽测风机工况/kW	地面风速/（m/s）	等效 A 声级/[dB（A）]
Z5-1（养殖户临时用房外 1m）	66.6	1283	3.0	67	64.2	1300	3.2	64
Z6-1（村庄居民住宅外 1m）	46.1	—	2.9	46	45.4	—	3.1	45
达标情况	—			Z5-1 超标、Z6-1 达标	—			Z5-1 超标、Z6-1 达标

注：①表中抽测风机工况为噪声监测时单台风机的瞬时功率；②监测期间，晴天，噪声主要来自风机旋转叶片，周围无其他噪声源。

3.5.6　注　意　事　项

1）重视现场踏勘。对属于验收范围内的升压变电站及所有风机进行现场踏勘，重点踏勘环评及批复所要求的各风机噪声防护距离内是否存在噪声敏感建筑物。

2）按比例选择风机。通过现场踏勘，根据风机布局，分别按一定比例选择不同型号的风机进行噪声监测；优先选择风电场边界风机、附近有噪声敏感建筑物及民工工棚、养殖户、养蜂人等临时用房的风机。

3）根据运行负荷选择风机。制订监测方案时，可在噪声产生及防治措施相同的相邻多台风机中抽测 1 台，现场监测时可结合实际情况，选择其中 1 台运行工况较高的风机（升压变电站控制室内可实时监控到各台风机的发电量）进行噪声监测，并记录监测时段的风机运行工况和气象条件。

4）建议现场踏勘时携带声级计。通过对噪声高的风机进行监测，可初步了解风机噪声值，为编制噪声监测方案提供依据。

3.5.7　案　例　点　评

该案例提供了风电类项目环保验收监测的具体做法，具有典型性和代表性。

1）该案例强调了现场勘察对整个风电项目验收监测方案编制及开展现场监测等诸环节的重要性。

2）对监测点位布设环节进行了更为详细的阐述，在风机点位的选取及敏感建筑物监测点位的布设等方面的经验值得借鉴，旨在为环境管理部门提供参考。

3）监测期间的工况和风速是影响监测数据的重要因素，案例介绍了监测工况和风速的确认方法，确保监测数据的准确性和可靠性。

4）以下几点有待进一步探讨：①在风机边界（厂界）进行点位布设是否合适。②临时用房能否作为敏感点。③将风机噪声认定为稳态噪声的依据不足。

作者信息：
沈燕（江苏省环境监测中心）
黄剑（江苏省环境监测中心）

3.6　食品加工企业噪声扰民监测

该案例讲述了某食品加工企业生产设备运行对周边小区住宅的噪声影响,分析了噪声监测点位的布设、监测期间的工况及背景修正等各环节,确保获得准确、有效的监测数据。

3.6.1　事　件　描　述

某食品加工企业地处工业园区边缘,距离西北面村落最近一户居民约 200m。企业生产过程产生的噪声对居民生活造成了影响。由于居民反应强烈,企业也积极进行了整改,并采取了安装局部声屏障、隔声房等一系列降噪措施,但仍然有居民投诉其噪声污染。通过现场调查,该企业南侧为河道,东侧为相邻的企业,西、北两侧都是农田,投诉居民为企业西北侧村落居民,与企业直线距离约 200m。平面布局示意图和纵向剖面布局示意图分别见图 3.16、图 3.17。

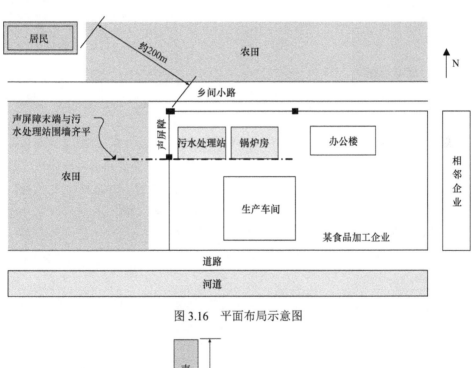

图 3.16　平面布局示意图

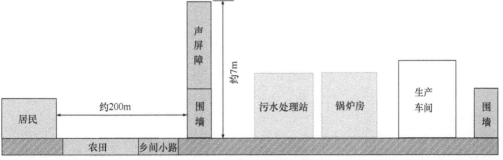

图 3.17　纵向剖面布局示意图

3.6.2　监　测　依　据

1)《工业企业厂界环境噪声排放标准》（GB 12348—2008）。

2)《环境噪声监测技术规范 噪声测量值修正》（HJ 706—2014）。

3.6.3　监　测　方　案

1. 主要声源分析

该食品加工企业厂区内声源较多，经过多次调查，对敏感点造成影响的主要声源是企业西北角的污水处理站的水泵和锅炉房的天然气锅炉。

企业在厂区西北侧围墙，即高噪声区域安装了局部声屏障，高度约为 7m；污水处理站水泵安装了隔声房；锅炉房安装了双层隔声窗。

投诉区域是位于企业西北侧某村落的一户民宅。

主要声源：水泵、天然气锅炉。

声源特性：经现场调查，上述两种声源在运行过程中均属于稳态声源。

2. 执行标准分析

被投诉企业噪声属于《工业企业厂界环境噪声排放标准》（GB 12348—2008）规定的工业企业厂界环境噪声。

依据上海市声环境功能区划规定，该企业区域为 3 类标准适用区。《工业企业厂界环境噪声排放标准》（GB 12348—2008）规定：3 类区工业企业厂界环境噪声排放限值昼间为 65dB（A），夜间为 55dB（A）；而投诉居民住宅敏感点区域属于 1 类标准适用区。《工业企业厂界环境噪声排放标准》（GB 12348—2008）规定：1 类区工业企业厂界环境噪声排放限值昼间为 55dB（A），夜间为 45dB（A）表 3.14。

表 3.14　工业企业厂界环境噪声排放限值　　　　　　［单位：dB（A）］

声环境功能区类别	昼间	夜间
1 类区	55	45
3 类区	65	55

注：①夜间频发噪声的最大 A 声级超过限值的幅度不得高于 10 dB（A）；②夜间偶发噪声的最大 A 声级超过限值的幅度不得高于 15 dB（A）。

3. 监测内容

1）在企业正常运行状态下测量排放噪声。

2）要求企业停止主要声源时测量背景噪声。

4. 监测时段和项目

根据委托方的要求，昼间、夜间各监测一次。

每次测量 1min 等效 A 声级（考虑是稳态声源，无频发、偶发噪声，夜间无须测量 $L_{\max}$）。

5. 监测仪器

AWA 6218A+型噪声统计分析仪（2 级）。

B&K 4230 型声校准器（1 级）。

测量仪器和声校准器均经过计量检定，均在检定有效期内。监测前校准值为 93.6dB，监测后校验值为 93.6dB，偏差小于 0.5dB。

6. 监测点位

根据《工业企业厂界环境噪声排放标准》（GB 12348—2008）5.3.1，测点布设规定应根据工业企业声源、周围噪声敏感建筑物的布局及毗邻的区域类别，在工业企业厂界布设多个测点，其中包括距离噪声敏感建筑物较近及受被测声源影响大的位置。考虑到投诉点位于企业西北侧，主要影响声源也集中在企业西北侧，所以在西北侧受被测声源影响大的厂界布设了 3 个测点。企业西北侧的污水处理站和锅炉房围墙安装了局部声屏障，在无法测量到声源的实际排放状况时，依据 5.3.3.2，2#、3#测点选在工业企业厂界外 1m、高度为 1.2m 的位置；污水处理站西侧声屏障安装长度不够，声屏障末端与污水处理站南侧围墙平齐，在声屏障末端可以明显感受到水泵噪声的影响，所以依据 5.3.3.1，1#测点选在厂界外 1m、高于围墙 0.5m 的位置，见图 3.18。

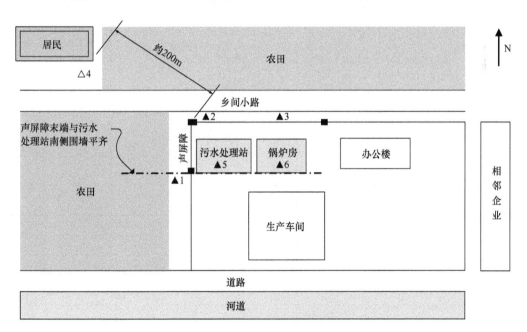

图 3.18　声源分布及测点示意图
▲代表噪声测点，△代表敏感噪声测点

1#测点布置在污水处理站西厂界外 1m，高于围墙 0.5m 处。

2#测点布置在污水处理站北厂界外 1m，高于地面 1.2m 处。

3#测点布置在锅炉房北厂界外 1m，高于地面 1.2m 处。

根据监测要求，在投诉人主卧的窗外 1m 处布置了敏感点，为 4#测点。

此外，为了解设备运行工况，在污水处理站水泵旁和锅炉房内分别布置了 5#、6#测点，将其作为声源点。

信访监测期间，企业生产工况全权由监察支队人员确认。

7. 监测条件

根据现场调查，污水处理站和锅炉房与企业生产车间距离较远，且测点位置附近为农田和乡间小路，判断测点位置基本不受其他噪声干扰。

1#～3#测点相距较近，测量噪声实测值时要求企业同时运行污水处理站水泵和锅炉房锅炉，而测量背景噪声时要求企业同时关闭污水处理站水泵和锅炉房锅炉。

要求随同人员在监测时远离传声器，并且禁止走动和说话。

测试期间的测量条件符合标准要求，无雨雪、无雷电，风速为 0.8m/s。

3.6.4　监　测　结　果

对于所测等效 A 声级已经符合相应声环境功能区排放限值的测点，定性为"达标"，因此，未对达标点位测量背景值进行修正。监测点测量数据见表 3.15。

表 3.15　监测点测量数据表

测点号	测点位置	主要声源	监测时段	等效 A 声级/［dB（A）］			标准限值/［dB（A）］	评价结论
				实测值	背景值	修正/修约结果		
1#	污水处理站西厂界外 1m	水泵、锅炉	昼间	56.8	—	57*	65	达标
		水泵、锅炉	夜间	56.4	43.8	56	55	超标
2#	污水处理站北厂界外 1m	水泵、锅炉	昼间	45.6	—	46*	65	达标
		水泵、锅炉	夜间	44.7	—	45*	55	达标
3#	锅炉房北厂界外 1m	锅炉、水泵	昼间	50.1	—	50*	65	达标
		锅炉、水泵	夜间	49.6	—	50*	55	达标
4#	××村 52 室主卧窗外 1m（敏感点）	环境、水泵、锅炉	昼间	43.3	—	43*	55	达标
		环境、水泵、锅炉	夜间	41.6	—	42*	45	达标
5#	污水处理站水泵旁（声源）	水泵	昼间	74.8	—	—	—	—
		水泵	夜间	74.2	—	—	—	—
6#	锅炉房内中央（声源）	锅炉	昼间	88.9	—	—	—	—
		锅炉	夜间	88.6	—	—	—	—

*数据为达标数据，仅做修约。

注：背景值修正依据《环境噪声监测技术规范　噪声测量值修正》（HJ 706—2014）的相关规定执行。

3.6.5　监 测 结 果 评 价

邻近污水处理站西厂界的 1#测点昼间等效 A 声级符合《工业企业厂界环境噪声排放标准》（GB 12348—2008）的 3 类区昼间标准要求，但该点位夜间等效 A 声级不符合《工业企业厂界环境噪声排放标准》（GB 12348—2008）的 3 类区夜间标准要求，超标 1dB（A）。

邻近污水处理站北厂界、锅炉房北厂界的 2#、3#测点昼间、夜间等效 A 声级均符合《工业企业厂界环境噪声排放标准》（GB12348—2008）的 3 类区昼间、夜间标准要求。

敏感点处的 4#测点昼间、夜间等效 A 声级均符合《工业企业厂界环境噪声排放标准》（GB 12348—2008）的 1 类区昼间、夜间标准要求。

3.6.6　总　结　说　明

1）厂界测点高度应选择合适的测量高度，以找出最大噪声值的边界点，反映声源的实际排放情况；无法测量到声源的实际排放状况时，需要按照《工业企业厂界环境噪声排放标准》（GB 12348—2008）5.3.3.2 布点。

2）对于企业厂界界点和敏感点位于不同声环境功能区的，要分别按各自所属的功能区进行评价。

3）企业声屏障设计时应适当加长长度，避免产生端头效应，降低声屏障的声衰减效果。

3.6.7　案　例　点　评

该案例对某食品加工企业噪声扰民监测过程中的声源调查、点位布设及执行标准的选用等进行了详细的论述，提供了工业企业厂界排放标准与敏感建筑物执行不同类型声环境功能区标准的解决方案，分别布点，单独评价。

1）介绍了监测期间声源运行工况确认的具体做法，同时增加了声源的测试内容，可客观、准确判断声源的运行状态，供借鉴参考。

2）案例在评价声屏障噪声治理措施效果时，探讨了监测点位布设方法，有利于判断降噪措施的有效性。

3）建议声源、厂界及敏感点的测试同步进行。

作者信息：
顾徐衡（上海市浦东新区环境监测站）

3.7　高楼空调外机噪声扰民监测

本节案例讲述某小区受相邻高层建筑空调外机噪声影响，同时也受高架桥噪声影响的扰民监测过程。对厂界测点的确认和监测时段的筛选做出了细致的分析，监测时应注意选择合理的监测时间，避免高架桥和道路交通影响，确保监测数据真实可靠。

3.7.1　事件描述

某环境监测机构受理某小区居民集中投诉对面商务办公楼空调外机噪声扰民案件。投诉人所在小区居民楼都为 6 层，投诉居民楼位于最南侧，投诉人住宅位于该居民楼 3 层。投诉对象为商务办公楼西墙的空调室外机噪声，被投诉商务办公楼共 15 层，其西墙每层均安装了两台空调室外机，几十台空调室外机组成了多联机中央空调系统。现场相对位置关系示意图见图 3.19。投诉居民小区与被投诉商务办公楼之间有 3m 高的围墙，是商务办公楼的厂界。被投诉商务办公楼北侧为 2 车道道路，东侧为 8 车道地面路与 6 车道高架路复合交通（高架离地高度约 12m）。居民小区除受商务办公楼空调外机运行影响以外，还受北侧和东侧道路交通噪声的影响。投诉居民楼距离 8 车道地面路和 2 车道道路均为 50m，且与 8 车道地面路之间无遮挡物。

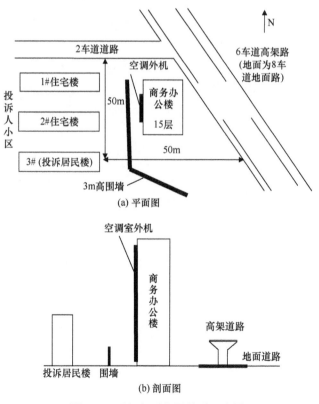

图 3.19　现场相对位置关系示意图

3.7.2 监 测 依 据

监测人员通过现场勘查及走访，发现该商务办公楼为某外企公司主要办公场所，其产权归属为某房地产企业。因此，判断其适用于《工业企业厂界环境噪声排放标准》（GB 12348—2008）。

3.7.3 监 测 方 案

1. 主要声源分析

商务办公楼运营时间为 7:30～22:00。主要声源为西侧墙体的空调外机组。但由于空调外机在冬、夏两季，开启时需要预热，关闭时有延时，且经常有公司员工加班，致使空调外机在夜间 10:00 以后仍在运行。所以实际噪声影响时间为每日 7:00～23:00。

商务办公楼空调系统为多联机中央空调系统，开机一段时间后达到相对稳定状态，可视为稳态声源。

2. 执行标准分析

依据上海市功能区划的规定，该居民小区位于声环境功能区划的 2 类区，但北侧 2 车道为城市支路，东侧与 8 车道城市主干道的距离大于 50m，因此该居民小区适用于 2 类区标准（表 3.16）。

表 3.16 工业企业厂界环境噪声排放限值 ［单位：dB（A）］

厂界外声环境功能区类别	昼间	夜间
2 类区	60	50

3. 监测内容

1）在空调外机开启 1h 后，运行达到稳定状态时进行监测。

2）在空调外机关闭后，监测其背景值。

整栋大楼空调系统为多联机中央空调系统，其各层的外机启动受室内温度影响，室内温度在一定范围内空调外机停止运转。

考虑到在冬季和夏季用电高峰时期，空调均为满负荷运转，因此，在监测时要求开启空调时室内温度与室外温度差达到 10℃以上，保证在监测时段内空调外机为运行状态。

4. 监测时间

1）声源为稳态噪声，所以测量 1min 等效 A 声级。

2）昼间时段：选择周边环境噪声影响较小时段进行。该区域东侧为城市主干道，且为地面道路和高架桥双层影响。昼间大部分时间车流量均较大，特别是上下班高峰时段 7:00～9:00 及 15:30～22:00 车流量居高不下。通过多次现场调查，车流量相对较少的时间段为 13:30～14:30，因此，确定昼间监测时段为 13:30～14:30。

3）夜间时段：选择 22:00～23:00 进行。

5. 监测仪器

声级计：AWA6218A+（2 级），通过计量检定，并在有效期内。

风速仪：FYF-1 手持式风速仪。

校准器：AWA6221 型声校准器（1 级），通过计量检定，并在有效期内。

6. 监测点位

监测点位见图 3.20。

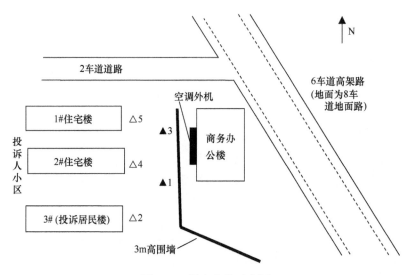

图 3.20　测点布设示意图

图中 1、2 号点位测量高度相同，3、4、5 号点位测量高度相同

▲代表厂界噪声测点，△代表敏感点噪声测点

《工业企业厂界环境噪声排放标准》（GB 12348—2008）5.3.1 测点布设规定，应根据工业企业声源、周围噪声敏感建筑物的布局及毗邻的区域类别，在工业企业厂界布设多个测点，其中包括距离噪声敏感建筑物较近及受被测声源影响大的位置。

根据现场调查，被投诉商业办公楼 1～15 层均挂满空调室外机，可以看作大尺寸的面声源，声源高度较高，并且厂界为 3m 高的围墙，在边界处无法测得声源的实际排放情况。按照《工业企业厂界环境噪声排放标准》（GB 12348—2008）5.3.3.2 的规定：当厂界无法测到声源的实际排放状况时（如声源位于高空、厂界设有声屏障等），应在厂界外 1m、高度 1.2m 以上设置测点，同时在受影响的噪声敏感建筑物外 1m 处另设测点。

在厂界和投诉人住宅室外布设监测点。在西侧厂界处布设测点 1，同时在 3#楼 3 层北侧窗外 1m 处布设测点 2。

此外，虽然 1#楼和 2#楼无信访户，但考虑到这两栋楼距离被投诉较近，为更好地掌握该商务楼的实际噪声排放和对相邻小区居民楼的影响，在靠近 1#楼和 2#

楼的厂界处布设测点 3，同时在 2#楼和 1#楼的 2 层东侧窗外 1m 处布设测点 4 和测点 5。这 3 个测点的监测值仅用于了解被投诉声源对周边的影响，不是必测点，不参与评价。

测点 1 高度：通过延长杆将边界测点 1 布设于围墙上方与敏感建筑物测点 2 等高的位置。

测点 3 高度：通过延长杆将边界测点 3 布设于围墙上方与敏感建筑物测点 4 和测点 5 等高的位置。

7. 监测条件

1）监测当天无雨雪、无雷电，风速见表 3.17；

2）测前对声级计校准，校准值为 93.8dB，测后对声级计校验，校验值为 93.7 dB，校准值与校验值之差小于 0.5 dB，测量结果有效。

3.7.4　监　测　结　果

现场监测结果见表 3.17。

表 3.17　现场监测结果表

测点号	测点位置	主要噪声源	监测时段	风速/（m/s）	等效 A 声级/［dB（A）］		
					实测值	背景值	修正/修约结果
1	边界外 1m（正对空调外机）	空调、交通	昼间	1.5	62.3	57.5	60
			夜间	1.3	56.8	52.3	55
2	3#楼3 层窗外 1m	空调、交通	昼间	1.5	59.6	—	60*
			夜间	1.3	55.6	51.5	54
3	西边界外 1m（正对空调外机）	空调、交通	昼间	1.2	61.5	57.0	60
			夜间	1.0	56	51.6	54
4	2#楼 2 层窗外 1m	空调、交通	昼间	1.1	59.2	—	59*
			夜间	1.1	55.2	51.2	53
5	1#楼 2 层窗外 1m	空调、交通	昼间	1.2	58.3	—	58*
			夜间	1.0	55.3	50.5	53

*数据为达标数据，只进行修约。

注：背景值修正依据《环境噪声监测技术规范噪声测量值修正》（HJ 706—2014）的相关规定执行。

3.7.5　结　果　评　价

昼间时段，厂界测点 1 和测点 3 符合《工业企业厂界环境噪声排放标准》（GB 12348—2008）中 2 类区 60 dB（A）的限值要求；敏感建筑物测点 2、4、5 符合《工业企业厂界环境噪声排放标准》（GB 12348—2008）中 2 类区 60 dB（A）的限值要求。

夜间时段，厂界测点 1 和测点 3 超过《工业企业厂界环境噪声排放标准》（GB 12348—2008）中 2 类区 50dB（A）的限值要求；敏感建筑物测点 2、4、5 超过《工业企业厂界环境噪声排放标准》（GB 12348—2008）中 2 类区 50dB（A）的限值要求。

3.7.6　思　　考

由监测数据可以看出，虽然该商务办公楼规定每天的工作时间为 7:00～22:00，但空调外机经常有超时工作状态。且夜间时段，道路交通噪声对该区域仍有一定影响。

通过与该商务办公楼物业管理公司协调，使空调开启与关闭时间为每天 7:30～21:00。以此保障周边居民早晨和夜晚有足够的安静时间，此举也得到周边居民的认可，信访案件得以解决。

测点 3、4、5 虽然不出具在信访报告中，但在协调处理信访矛盾时有参考作用。

3.7.7　案 例 点 评

该案例结合实际，对某小区受相邻高层建筑空调外机运行噪声与高架桥交通噪声双重影响的情况开展监测。

1）在最大限度减少道路交通噪声干扰方面，在多次进行现场调查的基础上，监测点位布设和监测时段的筛选等方面的经验可供借鉴参考。

2）背景噪声主要为交通噪声，认定声源（开启时包含交通噪声等背景）为稳态噪声的依据不够充分。

3）建议厂界及敏感建筑物测点采取同步监测方式。

作者信息：
顾伟伟（上海市环境监测中心）

3.8　屠宰场夜间噪声扰民监测

本节案例通过对野外定点屠宰场夜间生猪屠宰扰民噪声的监测，解决了乡间虫鸣背景非稳态噪声对实际污染源噪声监测的干扰，从而达到出具有效科学监测数据的目的。

3.8.1　事件描述

案例发生在中央环保督察期间。某监测机构对张某的定点屠宰场的扰民噪声开展了实地监测。该屠宰场位于某古镇西侧，占地 500m²，内设有屠宰间、猪舍、办公楼，屠宰间和猪舍均为一层建筑，屠宰场东、北、南面有边界围墙，高 2.0m。西面以屠宰间和猪舍为边界。屠宰场北面是山，无住户；南面是公路，无住户；西面隔竹林耕地，距离 50m 处有受噪声影响的住户；东面 10m 处也有受影响住户。南面某公路为乡村四级公路，夜间几乎无车辆通过，完全可以避免交通噪声影响。该项目平面布局示意见图 3.21。该屠宰场日均屠宰量达 20 头，每头生猪屠宰平均加工时间为 1.5min。经勘察，该屠宰场没有严格落实各项噪声治理措施，屠宰车间双层隔音玻璃破损，未及时得到修复，墙体失修多缝隙，特别是擅自停用电晕宰杀工艺，仍使用传统人拖刀杀模式，而屠宰时间一般在每日 4:00～6:00。这一过程中猪的嘶叫声严重影响了周围住户的正常休息。

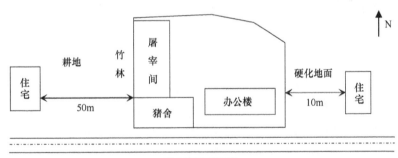

图 3.21　项目平面布局示意图

3.8.2　监测依据

1）《关于某生猪定点屠宰场配送中心建设项目环境影响报告表的批复》第二（五）条要求"合理厂区布局，采取消声、隔声等降噪措施，确保厂界噪声符合《工业企业厂界环境噪声排放标准》（GB 12348—2008）2 类标准"。

2）《工业企业厂界环境噪声排放标准》（GB 12348—2008）规定"夜间频发噪声的最大声级超过限值的幅度不得高于 10dB（A）"。

3）《声环境质量标准》（GB 3096—2008）。

3.8.3　监测方案

1. 主要声源分析

该屠宰场屠宰加工采用传统人拖刀杀模式，屠宰时间一般在每日 4:00～6:00，该屠宰场屠宰加工流程包括从猪舍拖出，然后放血刮毛等，拖拽和放血时猪的嘶叫声最大，为非稳态噪声。场区东侧无外界噪声影响。场界西侧位于田野外，乡间虫鸣声不断，声音很大且时空分布无规律。

2. 执行标准分析

1）根据《工业企业厂界环境噪声排放标准》（GB 12348—2008）的规定，按照某市某区现行声环境功能区划及该项目环评报告表批复，该屠宰场厂界噪声执行 2 类区标准，夜间限值为 50dB（A），夜间频发噪声的最大 A 声级超过限值的幅度不得高于 10dB（A）。

2）按《声环境质量标准》（GB 3096—2008）中 7.2（c）的规定"集镇执行 2 类声环境功能区要求"。

3）根据《环境噪声监测技术规范　噪声测量值修正》（HJ 706—2014）进行噪声测量结果的修正。

3. 监测内容

1）在屠宰场正常作业状态下测量厂界排放噪声及敏感点噪声。

2）在屠宰场停止作业时段测量背景噪声。

4. 监测时间

1）屠宰场屠宰加工时间一般在每日 4:00～6:00，所以监测时间选择在 4:00～6:00。

2）该屠宰场屠宰加工产生的噪声为非稳态噪声，按《工业企业厂界环境噪声排放标准》（GB 12348—2008）规定：测量被测声源有代表性时段的声级，必要时测量被测声源整个正常工作时段的等效 A 声级。监测时段定为屠宰 20 头猪全生产时段，即从第一头猪出圈至最后一头猪去内脏完成一共 30min。背景噪声测量在原点位进行，监测时长与厂界排放噪声监测时长相同。

5. 监测仪器

HS6288E 型多功能噪声分析仪（2 级）4 台，均在检定有效期内，监测前、后示值差小于 0.5dB，具体校准情况见表 3.18。

表 3.18　各声级计校准情况

声级计编号	校准仪器编号	测试前校准值/dB	测试后校验值/dB
503126	302503	93.8	93.8
503127	302503	93.8	93.8
503128	302503	93.8	93.7
503130	302503	93.8	93.8

DN9 型声校准器，2 级，在检定有效期内。

风速风向仪在检定有效期内。

6. 监测点位

根据现场勘察结果，在该屠宰场厂界东、西两侧厂界外 1m 处设厂界噪声监测点，受影响住户面向噪声源方向在户外 1m 处设敏感点，噪声监测点位示意图见图 3.22。厂界噪声测点选在厂界外 1m，东侧高于围墙 0.5m 位置。在敏感点住户处，面向声源方向距离住户窗口 1m，距地面高度 1.2m 处监测。

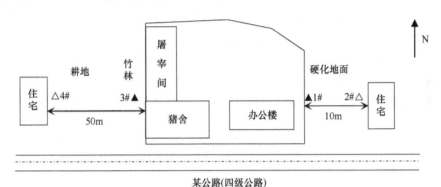

图 3.22　噪声监测点位示意图

△代表住户环境噪声监测点位，▲代表厂界噪声监测点位

7. 监测条件

测试期间的测量条件符合标准要求，无雨雪、无雷电，风速为 1.6 m/s。监测期间公路无车辆经过。

3.8.4　监 测 结 果

根据现场勘察及监测方案，于监测当日 2:30 到达现场，做好测试前的各项准备工作，在各监测点位架设好仪器，做好测量前的校准及风速的测量等工作。环境监察部门派执法人员现场负责屠宰工况，从屠宰场开展屠宰工作流程开始监测，监测结果见表 3.19。

表 3.19　监测结果一

监测点位		监测日期	监测时段	主要声源	测量值/[dB（A）]	背景值/[dB（A）]	修约结果/[dB（A）]	最大 A 声级/[dB（A）]
1#	东厂界	夏季某日	夜间（4:20）	杀猪嘶叫	61.5	45.7	62	68.5
2#	敏感点	夏季某日	夜间（4:20）	杀猪嘶叫	57.7	46.0	58	—
3#	西厂界	夏季某日	夜间（4:20）	杀猪嘶叫、虫鸣	65.4	45.5～56.0	因虫鸣声的影响无法判定结果	72.4
4#	敏感点	夏季某日	夜间（4:20）	杀猪嘶叫、虫鸣	57.1	45.5～56.0		—

预测背景声时，现场虫鸣声起伏变化明显，技术人员进行 3 次背景噪声预测，其中 1#、2#测点背景噪声稳定，3#测点 3 次监测结果分别为 45.5 dB（A）、48.7 dB（A）、56.0 dB（A），4#测点 3 次监测结果都在 45.5～56.0 dB（A）。现场技术人员根据监测结果表数据进行综合分析。

1）该屠宰场东厂界 1#测点监测结果超过《工业企业厂界环境噪声排放标准》（GB 12348—2008）规定的 2 类声环境功能区夜间标准限值。西厂界 3#测点虽然因无规则虫鸣的影响无法判定具体结果，但以最大背景值 56.0dB（A）修正仍然超标，所以该点厂界噪声超标。

东厂界、西厂界最大 A 声级均超过《工业企业厂界环境噪声排放标准》（GB 12348—2008）规定的夜间偶发噪声限值要求。

2）2#测点环境噪声值超过《声环境质量标准》（GB 3096—2008）规定的 2 类声环境功能区夜间环境噪声限值要求。4#测点监测结果受背景虫鸣声的直接影响。

该屠宰场夜间杀猪产生的噪声确实对临近的住户产生了严重影响。

3.8.5 跟 踪 调 查

1）第一次监测后环境执法大队正式下达责令限期（一周）整改通知书。要求：①立即恢复电晕宰杀工艺，淘汰传统刀杀人拖模式；②及时更换破损的双层隔音玻璃，对猪舍及屠宰间加装隔音墙；③设立警示标识牌、加强对人群和车辆的劝导来降低人群喧闹声和车辆鸣笛声。

2）为避免野外虫鸣声干扰，出具科学监测数据，结合当地节令，建议监测在深秋至春季虫鸣声明显降低季节，该屠宰场整改完成时节进行。经过三方沟通，确定本次监测时间为深秋某日凌晨，从现场看，该屠宰场所有限期整改到位。虫鸣声几乎没有，整个环境预测背景噪声在 40～43dB（A），背景噪声很低且稳定，无雨雪、无雷电，风速小于 5 m/s，符合噪声测试条件。提前确定当夜宰杀量为平均值——20 头，其他条件无变化，噪声布点及监测时段遵从既定已定。根据《环境噪声监测技术规范 噪声测量值修约》（HJ 706—2014）进行背景噪声修约。监测结果见表 3.20。

表 3.20 监测结果二

监测点位		监测日期	监测时段	主要声源	生产时 /[dB（A）]	停产时 /[dB（A）]	修约结果 /[dB（A）]
1#	东厂界	深秋某日	夜间（4:20）	屠宰加工	50.1	41.9	49
2#	敏感点	深秋某日	夜间（4:20）	屠宰加工	46.7	42.0	45
3#	西厂界	深秋某日	夜间（4:20）	屠宰加工	52.2	42.1	52
4#	敏感点	深秋某日	夜间（4:20）	屠宰加工	45.2	42.0	45*

*数据为达标数据，按照《环境噪声监测技术规范 噪声测量值修正》（HJ 706—2014）要求仅做修约，未做修正。

3）根据监测结果表数据进行综合分析：

东厂界 1#测点达到《工业企业厂界环境噪声排放标准》（GB 12348—2008）中 2 类声环境功能区夜间等效 A 声级限值为 50dB（A）的要求。

西厂界 3#测点超过《工业企业厂界环境噪声排放标准》（GB 12348—2008）中 2 类声环境功能区夜间等效 A 声级限值为 50dB（A）的要求，超标 2dB（A）。

2#、4#测点环境噪声达到《声环境质量标准》（GB 3096—2008）中 2 类声环境功能区夜间环境噪声限值的要求。

全部监测点位已经没有猪的嘶叫声，主要是刮毛、工人谈话声。敏感点 4#点位不受屠宰加工噪声的影响。该屠宰场经过整改后，投诉住户对整改效果满意，由此该投诉案件得到圆满解决。

3.8.6　案例反思

1）对于非稳态频发噪声监测，选择有代表性的监测时段是此类噪声监测的关键，本案例中整个作业过程虽然持续近 2h，但真正产生噪声污染的代表时段为屠宰加工的 0.5h 内。所以选择这一时段作为监测时段合理。

2）乡间野外环境虫鸣声无规律分布，导致很难对类似污染源噪声监测进行背景修约。建议类似乡间野外虫鸣声有影响的环境下，污染源噪声监测在深秋至春季进行，此法可以有效地避免野外虫鸣噪声的干扰。

3）噪声监测人员不仅要依据噪声监测标准实施监测，还要从监测结果中反思自己的监测行为是否符合规范要求。

3.8.7　案例点评

该案例结合实际，对野外定点屠宰场夜间生猪屠宰扰民噪声监测进行了细致阐述。

1）现场勘查采用预监测与踏勘相结合的方法，有利于科学制定监测方案。

2）案例提出了生猪屠宰产生的非稳态噪声测量时长（代表性时段）的确认方法，对降低乡间虫鸣背景噪声等非稳态噪声的干扰问题进行充分讨论，对获取可靠、准确的监测数据意义重大。

3）厂界噪声和敏感点噪声现场监测采取的同步测量方法值得借鉴。

4）案例中，第二次监测时未对第一次最大声级超标的情况进行复测，建议增加。

作者信息：
宋茂春（广元市环境监测中心站）
郑雪斌（广元市环境监测中心站）

3.9 变电站噪声扰民监测

本节实例讲述了变电站噪声对同栋楼楼上住宅的影响,在标准执行上讨论了对原环境保护部复函的理解,确定监测方法后在现场监测中强调了测量背景值的重要性。

3.9.1 事件描述及主要声源分析

某环境监测机构受法院委托开展一项变电站噪声扰民的室内噪声夜间监测(签订委托合同)。变电站位于一层,隶属于某供电局。原告业主住房位于二楼,在变电站正上一层,受到楼下变压器不间断工作的影响。该噪声通过建筑物墙体进行传播,本次监测的主要声源为变压器噪声引起的结构传播固定设备室内噪声。

3.9.2 监 测 方 案

1. 执行标准分析

1)监测标准适用性的确定

原环境保护部环函[2011]88 号文对该类问题的复函文中提到"《工业企业厂界环境噪声排放标准》(GB 12348—2008)和《社会生活环境噪声排放标准》(GB 22337—2008)都是根据《噪声法》制定和实施的国家环境噪声排放标准。这两项标准都不适用于居民楼内为本楼居民日常生活提供服务而设置的设备(如电梯、水泵、变压器等设备)产生噪声的评价,《噪声法》也未规定这类噪声适用的环保标准。"

考虑到该变电站为本片区域服务,不只是为本楼服务的设备,而且其完全属于供电部门,是可以执行相关标准的。

2)执行标准分析

供电部门属于企业,不属于商业经营及文化娱乐范畴,监测标准选择执行《工业企业厂界环境噪声排放标准》(GB 12348—2008)。

根据天津市声环境功能区划,投诉业主所在小区属于 2 类声环境功能区。投诉业主室内执行《工业企业厂界环境噪声排放标准》(GB 12348—2008)中规定的结构传播固定设备室内噪声 2 类排放限值,投诉房间为卧室,属于 A 类房间,夜间等效 A 声级限值为 35dB(A),除此之外,还要满足表 3.21 的限值要求。

表 3.21 结构传播固定设备室内噪声 2 类排放限值

房间类型	室内噪声倍频带声压级限值/dB				
	31.5/Hz	63/Hz	125/Hz	250/Hz	500/Hz
A 类房间	72	55	43	35	29

2. 监测内容

1)在楼下变电站正常开启且原告认可的条件下测量结构传播固定设备室内噪声。

2）有必要时选择相似环境进行背景噪声的监测。

3. 监测时间

1）原告业主要求监测时间定在 22:00 以后进行。

2）经现场勘查，被测声源起伏不大于 3dB，判断为稳态噪声，每个测点测量 1min。

4. 监测仪器

B&K2250 型手持式分析仪，B&K 4231 声校准器，均为 1 级仪器，均在检定有效期内。

5. 监测点位

根据现场调查及原告反映，在每个卧室室内中央各布设了 1 个测点，见图 3.23。

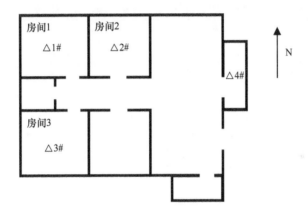

图 3.23　测点示意图

△1～3 结构传声监测点位，△4 背景噪声监测点位

6. 监测条件

监测期间的测量条件符合标准要求，无雨雪、无雷电，风速为 1.0m/s。室内监测时门窗关闭，无其他噪声干扰，测点距离墙壁超过 0.5m，距离外窗超过 1m，距离地面 1.2m。

3.9.3　监　测　结　果

结构传播固定设备室内噪声测量值见表 3.22。其中，部分数据在未修正的情况下超过标准值，如 1#测点的等效 A 声级及倍频带中心频率为 125Hz、250Hz、500Hz 3 个频段的倍频带声压级，2#测点倍频带中心频率为 250Hz 和 500Hz 两个频段的倍频带声压级，3#测点倍频带中心频率为 250Hz 频段的倍频带声压级。

为确定其超标幅度，需要测量背景噪声并进行修正（表 3.23）。变压器属于连续运转设备，不能停止。因此，在该单元中寻找不受变压器干扰的房间作为参照点进行背景噪声监测，最终确定将厨房作为背景噪声参照点（表 3.24）。

表 3.22 结构传播固定设备室内噪声测量值（未修正）

测点编号	测点位置	等效 A 声级 / [dB（A）]	倍频带声压级/dB				
			31.5Hz	63Hz	125Hz	250Hz	500Hz
1#	房间 1 室内中央	**40.1**	45.2	43.2	**54.2**	**44.1**	**37.2**
2#	房间 2 室内中央	34.2	47.3	41.4	41.2	**38.2**	**33.1**
3#	房间 3 室内中央	32.2	37.3	34.2	46.1	**38.3**	28.2

注：对未修正的超过标准限值的数据进行加粗显示。

表 3.23 背景噪声测量值

测点编号	测点位置	等效 A 声级 / [dB（A）]	倍频带声压级/dB				
			31.5Hz	63Hz	125Hz	250Hz	500Hz
1#	厨房中央	26.1	43.3	38.2	32.1	32.3	21.6

表 3.24 结构传播固定设备室内噪声修约结果

测点编号	测点位置	等效 A 声级 / [dB（A）]	倍频带声压级/dB				
			31.5Hz	63Hz	125Hz	250Hz	500Hz
1#	房间 1 室内中央	**40**	45[*]	43[*]	**54**	**44**	**37**
2#	房间 2 室内中央	34[*]	47[*]	41[*]	41[*]	**37**	**33**
3#	房间 3 室内中央	32[*]	37[*]	34[*]	46[*]	**37**	28[*]

[*]数据为达标数据，按照《环境噪声监测技术规范 噪声测量值修正》（HJ 706—2014）要求仅做修约，未做修正。
注：对表中超标的等效声级及各倍频带声压级进行背景值修正，修正后按修约规则取整。

3.9.4 结果评价

房间 1：等效 A 声级及倍频带中心频率为 125Hz、250Hz、500Hz 的倍频带声压级均超过《工业企业厂界环境噪声排放标准》（GB 12348—2008）中 2 类声环境功能区 A 类房间夜间限值要求。

房间 2：倍频带中心频率为 250Hz、500Hz 的倍频带声压级均超过《工业企业厂界环境噪声排放标准》（GB 12348—2008）中 2 类声环境功能区 A 类房间夜间限值要求。

房间 3：倍频带中心频率为 250Hz 的倍频带声压级超过《工业企业厂界环境噪声排放标准》（GB 12348—2008）中 2 类声环境功能区 A 类房间夜间限值要求。

3.9.5 跟踪调查

该环境监测机构出具了委托监测报告，并送达法院。通过跟踪调查，法院判决原告胜诉。

3.9.6 案例点评

该实例首先根据原环境保护部环函[2011]88 号中的规定进行了标准的适用性判断，对连续运转的设备采用经验判断方法确定较为合理的背景值测点，并对存在超标的频段进行修正后，得出相关频段超标的结论。

1）该变电站服务于本片区域，不仅服务于投诉居民楼，适用于《工业企业厂界环境噪声排放标准》（GB 12348—2008）的要求。

2）根据《环境噪声监测技术规范　噪声测量值修正》（HJ 706—2014）的要求，达标的可不测背景，不修正，但必须修约到个位数。

3）设备连续运转，无法关停设备在测点位置进行背景噪声测试，所以将厨房作为背景噪声的参照对象。

作者信息：
张朋（天津市生态环境监测中心）

3.10　金属复合材料爆炸噪声监测分析

本节案例以金属复合材料项目不锈钢复合板生产爆炸噪声监测为例，简要叙述了该类爆炸噪声的监测情况，罗列了在监测过程中发现的问题及最终采取的处理方式，为环境监测同仁提供参考。

3.10.1　引　　言

某环境监测机构接受一起爆破噪声信访监测任务。

金属爆炸焊接是用炸药爆炸的方式将特定的金属板焊接在一起，其生产过程中产生的爆炸噪声具有声级高、频次低、瞬间发生的特点，且有生产周期性，是非稳态的频发噪声。爆炸焊接生产过程的爆炸噪声无法采用工程治理措施控制，仅能采用距离衰减和屏障作用的方式降噪。本次监测过程中在使用《工业企业厂界环境噪声排放标准》（GB 12348—2008）进行监测和评价时，在监测点位和监测时间的选择上存在很大的困难，本案例根据实际情况开展了监测，供探讨。

3.10.2　监　测　依　据

（1）《工业企业厂界环境噪声排放标准》（GB 12348—2008）中的相关规定。

（2）《×××项目声环境影响补充报告专家组评审意见》：①同意《补充报告》划定以厂界（以爆点为中心半径 300m 范围）外 500m（以爆点中心半径 300～800m）为爆炸噪声防护距离；② 项目环境保护竣工验收时声环境质量应该按 40min 代表性时段进行监测，建议以多次监测数据的等效 A 声级平均值为验收监测依据，必要时测量被测声源整个正常工作时段的等效 A 声级，以避免单次测量结果的不确定性带来的影响。

3.10.3　监　测　方　案

1. 监测点位

该项目噪声源主要为占地面积约 4500m² 的炸场爆炸产生的噪声、冲击波、振动（本书仅针对噪声进行探讨）。根据环评文件，炸场的作业边界为以爆点为中心、半径 300m 处。炸场及周边地形地貌图情况为，炸场处于南北走向的山谷中，该企业对以爆点为中心、半径 800m 范围内的居民实施了搬迁安置（以爆点为中心、半径 300～800m 为噪声防护范围，该范围内的土地由该企业与村委会签订土地租用协议），但南北面距离爆点中心、半径 800～1000m 范围内仍有少量农户存在（有部分农户投诉每天频发的爆炸噪声导致母鸡不下蛋、母猪不生崽、门窗边框开裂等问题），甚至 1000m 以外的农户也存在投诉。

本次监测在爆炸场以爆点为中心、半径 800m 处的实际厂界布设了 4 个厂界噪声监测点位，在距离爆点 800～1000m 范围内受影响较大的 7 处敏感建筑物户外 1m 处共布设了 7 个敏感噪声监测点位。具体布设情况见图 3.24。

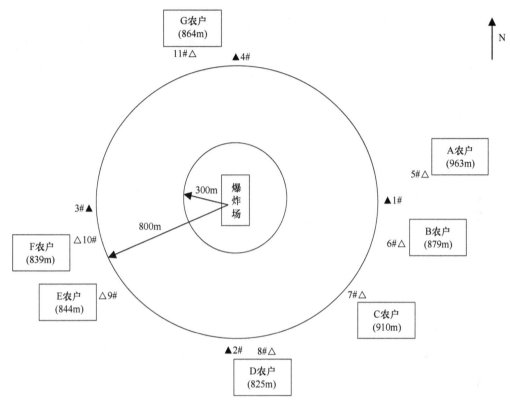

图 3.24　爆炸场及周边监测点位布设示意图

爆炸场位于南北走向的山谷地形；▲代表厂界噪声测点，△代表敏感点噪声测点

2. 监测时间、频次

金属爆炸焊接是在一个特定的用焊接的炸药-爆炸-造成待焊接金属间的强固结合，将炸药、雷管、复板和基板在基础上安装，人员撤离及起爆，整个作业周期约 40 min。依据该项目声学环境影响补充报告及专家组评审意见，建议将整个作业周期 40min 作为有代表性的时段。所以该次监测中测量 40min 的等效连续 A 声级，厂界噪声和敏感点噪声同时监测，监测两天，每天监测两次。

3. 监测仪器

11 台 AWA6218B 型噪声积分统计分析仪为 2 级积分声级计，测量前声校准值均为93.8dB，测量结束后校验值为 93.6～93.9dB。所有监测仪器、量具均经过计量部门检定合格，并在有效期内使用。

4. 执行标准

其环评批复明确营运期企业的厂界噪声执行《工业企业厂界环境噪声排放标准》

（GB 12348—2008）中的 2 类标准。

5. 监测期间工况保证

按照该项目生产爆炸复合板工艺条件，炸药的最大用药量不能超过（小于等于）700kg，一般以三张金属板一次重叠起爆方式进行爆炸复合，平均每天进行 3 次，依据单次炸药使用量进行工况核算。监测期间，每次单响炸药用量均在 570kg 左右，生产负荷在 75%以上。

6. 监测期间气象条件

7 月 14 日，晴，气温 34.2℃，湿度 67%，无持续风向，风速为 0.0～1.7m/s；7 月 15 日，阴，气温 30.0℃，湿度 73%，无持续风向，风速为 0.0～2.4m/s。

7. 监测内容

1）在爆炸开始时，进行等效 A 声级和最大 A 声级的监测。
2）在不受爆炸影响时，进行环境背景噪声的监测。

3.10.4　监测结果及评价

由表 3.25 可知，噪声监测中，各点昼间厂界噪声等效 A 声级监测值经修约后均能满足《工业企业厂界环境噪声排放标准》（GB 12348—2008）中的 2 类标准要求。

表 3.25　爆炸场噪声监测结果　　　　　　　　[单位：dB（A）]

点位编号	点位名称	第一天第 1 次		第一天第 2 次		背景噪声	第二天第 1 次		第二天第 2 次		背景噪声
		L_{eq}	L_{max}	L_{eq}	L_{max}	L_{eq}	L_{eq}	L_{max}	L_{eq}	L_{max}	L_{eq}
1#	东侧厂界	51.1	85.3	51.9	84.9	40.3	52.8	85.9	51.9	84.9	39.2
2#	南侧厂界	57.8	91.5	57.6	91.2	39.6	55.4	92.3	57.4	93.2	39.7
3#	西侧厂界	51.0	85.0	51.7	84.1	37.5	50.2	80.1	51.6	86.1	38.2
4#	北侧厂界	56.8	90.8	57.6	90.7	39.1	54.0	87.3	54.2	86.8	38.9
5#	A 农户（963m）	50.7	82.8	48.1	79.5	39.6	48.0	79.8	46.4	81.5	40.5
6#	B 农户（879m）	52.2	85.4	54.6	90.3	43.6	52.1	87.9	53.6	87.2	44.2
7#	C 农户（910m）	54.0	83.1	53.8	84.4	42.3	53.1	85.5	54.0	84.9	41.5
8#	D 农户（825m）	53.1	86.3	55.7	92.1	46.5	55.0	90.3	55.7	91.5	47.0
9#	E 农户（844m）	50.9	79.9	51.1	74.2	39.4	51.0	83.5	53.1	84.8	38.8
10#	F 农户（839m）	52.1	80.6	53.7	79.9	39.4	51.5	85.0	52.1	87.1	40.6
11#	G 农户（864m）	53.2	89.7	52.8	89.9	39.7	55.0	89.2	54.4	87.1	41.3
标准值		60	—	60	—	—	60	—	60	—	—
备注		噪声测量 L_{eq} 值均未超过标准限值，未进行背景值修正									

3.10.5　监测后的思考和结论

1. 监测点位的选择

1）法定厂界的确定：按《工业企业厂界环境噪声排放标准》（GB 12348—2008），应在距离爆点 300m 的爆场边界开展监测，但从安全角度考虑这肯定无法实现。即使采取延时监测方法，人员撤到安全区域，仪器也可能会因为距离爆炸中心太近，受爆炸时的巨大冲击波而损坏。而炸场的卫生防护距离为 500m，即距离爆点 800m，按照土地租用协议，该范围内的农户已完全搬迁安置。该标准规定将租赁场地边界作为厂界，所以将距离爆点 800m 处视为其厂界。

2）本地为丘陵多山地带，与爆场的距离、地形地貌、海拔和风速风向等因素均对噪声的监测结果有很大的影响，因此，近地面噪声测定值的大小与监测点位至爆场中心的距离不完全成正相关，即不是距离越大，噪声测定值就越低。所以本次监测中在布设敏感噪声监测点位时，考虑在距离爆点 800～1000m 范围，根据地形、地貌、海拔等因素选择可能受影响较大的农户进行布设，没有严格按距离远近设点。标准中对于敏感点的受影响程度和与爆场中心距离没有明确的界定，对 1000m 外的农户情况难以把握，所以未在 1000m 外布设敏感噪声监测点。

2. 监测时间的选择

实际作业中，爆炸时间不到 1s，从接到爆炸通知开始监测，到爆炸结束终止，时间最短 1min，最长 10min。800m 范围外的厂界及敏感点位 L_{max} 值都在 90dB（A）上下，而监测时间越长，L_{eq} 值越小（表 3.26）。以 40min 作为监测时间，则均能达到相应排放标准；若以 1～20min 作为监测时间，按 40min 测定值和背景噪声测定值通过声能量公式所得的测算值，则监测时间越短，测算值越大，越容易出现超标的情况。所以对于此类周期性的爆炸噪声，在爆炸生产过程中监测时间的选择上会有很大的主观性、偶然性和代表性，也较难控制，因此，综合考虑后采纳环评的建议，选择整个作业周期 40min作为统一的监测时间，虽然未必合适，但是有环评批复作为依据。

表 3.26　测量时间与噪声值对照表

测量时间/min	L_{eq} 值/［dB（A）］								范围/［dB（A）］
	2#	4#	8#	7#	9#	6#	10#	5#	
40	57.8	56.8	55.7	54.0	53.1	52.1	51.5	50.7	50～58
30	59.0	58.0	56.8	55.2	54.3	53.2	52.7	51.9	51～59
20	60.8	59.8	58.4	56.9	56.0	54.7	54.3	53.5	53～61
10	63.8	62.8	61.3	59.8	59.0	57.6	57.2	56.5	56～64
5	66.8	65.8	64.2	62.8	62.0	60.5	60.2	59.4	59～67
1	73.8	72.7	71.2	69.8	69.0	67.4	67.2	66.4	66～74
背景噪声	39.6	39.1	46.5	41.5	38.8	44.2	40.6	39.6	39～47
L_{max}	91.5	90.8	92.1	84.9	84.8	87.9	85.0	82.8	50～58
备注	1～30min 的 L_{eq} 值是由 40min 测定值和背景噪声测定值通过声能量公式计算所得								

3. 评价指标的选择

1）本案例中的爆炸噪声等效连续 A 声级随着监测时间的增长而持续降低，以等效连续 A 声级来做评价指标，虽然等效连续 A 声级基本都能达标，但无法真实地反映对敏感点的影响，爆炸噪声对居民的生理和心理影响、对农户畜禽的影响也无法体现。

2）最大 A 声级值应该是最能体现这类瞬时爆炸噪声影响的指标，但现行的标准中仅有夜间最大 A 声级值的评价，暂无昼间最大 A 声级值的相关评价，最能反映爆炸噪声特征和影响最大 A 的声级值却无用武之地。

3.10.6　结　　语

1）测定爆炸噪声时的法定厂界建议视实际情况，从监测安全的角度来考虑和确定。

2）关于爆炸噪声监测时间的选择，代表性的时间段较难把握。理论上，在背景值稳定的条件下，监测时间延长，整个监测时段的等效 A 声级值降低，因此导致主观性太大。建议将环评、环评批复及主管部门的文件作为选择监测时间的依据。对于爆炸噪声这种瞬发性的声源，建议上级部门能形成明确的监测时间要求。

3）爆炸噪声将等效连续 A 声级作为评价指标，无法真实反映对敏感点的影响，而影响最大的昼间最大 A 声级暂无评价标准。建议上级部门能补充完善现行标准中对昼间噪声最大 A 值的要求，以便于今后类似工作的开展。

综上所述，提出此案例，供各位同仁探讨如何选择合适的监测及评价方式以应对此类问题的噪声监测。

3.10.7　案　例　点　评

本案例既特殊，又有代表性，充分体现了现有标准的局限性。

1）监测方案考虑比较周全，选用标准依据准确，充分认识到工况、监测点位、积分时间的重要性，并根据环评及环评批复文件，明确工况、监测点位、积分时间。

2）采用多点同步监测。

3）对监测结果进行了很有意义的讨论，明确指出标准中缺少对昼间最大值限值的规定等不足，建议增加有关昼间最大值限值的规定是有意义的。

作者信息：
杨森滔（宜宾市环境监测中心站）
杨军（宜宾市环境监测中心站）
黄刚（宜宾市环境监测中心站）

3.11 工业企业冷却塔噪声扰民监测

本节案例讲述了工业企业高空声源扰民监测方法，强调了对于厂界不能测得声源实际排放情况时，应在厂界和噪声敏感点同时布设监测点位。本案例中工业企业与噪声敏感点处于不同功能区类别，属于典型厂界噪声达标、噪声敏感点噪声超标的情形。

3.11.1 事件描述

某环境监测机构受委托解决一起工业企业噪声扰民投诉案件。该投诉为 B 小区临近 A 企业的一栋住宅楼 15 层的业主反映 A 企业固定生产设备噪声扰民。

3.11.2 监测方案

1. 主要声源分析

被投诉企业 A 位于投诉业主所在 B 小区西南方向，投诉业主房间位于 B 小区 3#楼 15 层（图 3.25）。根据现场踏勘结果，主要噪声源是企业生产车间顶部的一组大型冷却塔排风机组排放的噪声。

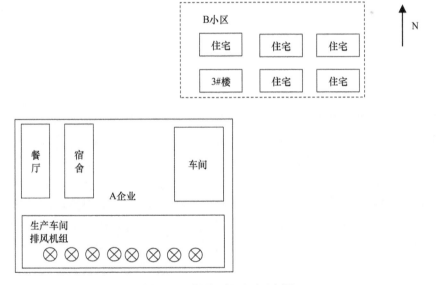

图 3.25 监测现场平面示意图

2. 执行标准分析

被投诉噪声属于《工业企业厂界环境噪声排放标准》（GB 12348—2008）规定的工业噪声，所以执行《工业企业厂界环境噪声排放标准》（GB 12348—2008）中的规定。

根据该市声环境功能区划分规定，该投诉业主生活的小区属于 2 类声环境功能区，被投诉企业属于 3 类声环境功能区。

投诉业主住宅室外执行 2 类声环境功能区标准，昼间标准限值为 60dB（A），夜间标准限值为 50dB（A）。被投诉企业厂界执行 3 类声环境功能区标准，昼间标准限值为 65dB（A），夜间标准限值为 55dB（A）。工业企业厂界环境噪声排放限值见表 3.27。

表 3.27　工业企业厂界环境噪声排放限值　　　［单位：　dB（A）］

声环境功能区类别	昼间	夜间
2 类区	60	50
3 类区	65	55

3. 监测内容

1）在企业正常生产状态下测量企业厂界排放噪声及敏感点噪声。

2）企业固定设备停止工作时测量背景噪声。

4. 监测时间

1）依据《工业企业厂界环境噪声排放标准》（GB 12348—2008），昼间、夜间需要分别测量，测量时企业应处于正常工作状态。

2）由于噪声源起伏不大于 3dB，判定其为稳态噪声，所以每个测点测量 1min。

3）企业厂界排放噪声和敏感点噪声同步测量。

5. 监测点位

《工业企业厂界环境噪声排放标准》（GB 12348—2008）5.3.1 规定，测点布设应根据工业企业声源、周围噪声敏感建筑物的布局及毗邻的区域类别，在工业企业厂界布设多个测点，其中包括距离噪声敏感建筑物较近及受被测声源影响大的位置。

根据现场调查，生产车间高度为 10m。企业排放噪声的冷却塔排风机组位于生产车间顶部，企业厂界处于声影区，在厂界处不能测得真实的噪声排放情况。

《工业企业厂界环境噪声排放标准》（GB 12348—2008）5.3.3.2 规定，当厂界无法测到声源的实际排放状况时（如声源位于高空、厂界设有声屏障等），应在厂界外 1m、高度 1.2m 以上设置测点，同时在受影响的噪声敏感建筑物外 1m 处另设测点。所以在该企业靠近投诉点的北厂界外 1m 处、距离地面 1.2m 高处布设 1 个测点，测量其厂界噪声排放情况。同时，在投诉业主房子（15 层）南侧窗外 1m 处通过架设延长杆的方式布设 1 个敏感建筑物测点，见图 3.26。

测点的布设征求了投诉业主和被投诉企业的意见，得到了业主和企业的认可。

6. 监测仪器

1）AWA6288 型 1 级声级计。

2）B&K4231 型 1 级声校准器。

7. 监测条件

测量期间要求企业处于正常工作状态，同时投诉业主认可测量时的噪声排放情况。

测量期间的测量条件符合标准要求，无雨雪、无雷电，风速为 1.0m/s。

测量前对声级计进行校准，校准值为 93.8dB，测量后对声级计进行校验，校验值为 93.7dB，校准值与校验值之差小于 0.5dB。

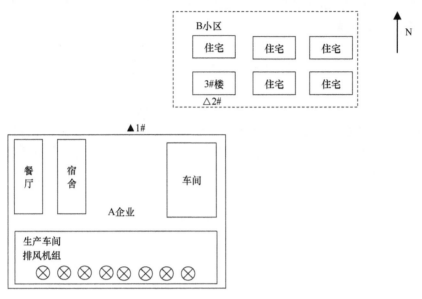

图 3.26　监测现场测点示意图
▲代表厂界噪声测点，△代表敏感点噪声测点

3.11.3　监　测　结　果

根据《工业企业厂界环境噪声排放标准》（GB 12348—2008）中的测量结果修正表对数据进行修正，噪声监测结果见表 3.28。

表 3.28　工业企业厂界环境噪声监测结果

测点号	测点位置	监测时段	等效 A 声级/［dB（A）］		
			实测值	背景值	修正结果
1#	A 企业北厂界外 1m	昼间（10:54）	55.2	43.8	55
		夜间（22:33）	55.1	44.9	54
2#	B 小区投诉业主房间南侧窗外 1m	昼间（10:54）	56.3	47.1	55
		夜间（22:33）	55.8	46.4	55

3.11.4　结　果　评　价

A 企业北厂界外 1m 处昼间和夜间时段的噪声值均未超过《工业企业厂界环境噪声排放标准》（GB 12348—2008）中 3 类声环境功能区环境噪声排放限值。

B 小区 3 号楼 1503 室南侧窗外 1m 处昼间时段噪声值未超过《工业企业厂界环境噪声排放标准》（GB 12348—2008）中 2 类声环境功能区环境噪声排放限值，夜间测量值超过噪声排放限值，超标 5dB（A）。

3.11.5 跟 踪 调 查

通过跟踪调查，该市环境监察总队根据监测结果要求该企业限期治理，企业对噪声排放设备安装了降噪措施，最终达标排放。

3.11.6 案 例 点 评

该案例中被投诉企业属于 3 类声环境功能区，受到影响的敏感点位于 2 类声环境功能区，虽然厂界满足 3 类声环境功能区标准限值的要求，但敏感点受厂内噪声的影响，噪声超过 2 类声环境功能区标准限值，同样视为超标，企业应负有相关责任，对广大的监测工作者起到很好的示范作用。

作者信息：
张磊（天津市生态环境监测中心）

第4章 交通运输噪声监测案例

4.1 铁路噪声扰民投诉监测

本节案例讲述了住宅小区居民投诉高铁噪声扰民，但按铁路边界噪声监测方法，铁路边界噪声监测结果评价为达标，小区居民投诉无法解决。在获得高铁环评资料后，依据批复中对铁路周边声环境功能区提出的要求，按噪声敏感建筑物监测方法，结果超过环评要求的 2 类声环境功能区标准，为解决小区居民投诉提供了有效的证据。该案例提示的重点是，铁路噪声扰民案例中，由于铁路边界噪声是以小时均值进行评价，监测结果往往并不超标，解决投诉的重点应放在铁路项目环评中提出的功能区声环境质量监测。

4.1.1 事 件 描 述

某镇环保分局收到某高铁噪声扰民的居民投诉。为解决投诉，环保分局委托监测机构对该铁路边界噪声开展监测，评价其是否达标。第一次监测结果显示铁路边界噪声达到《铁路边界噪声限值及其测量方法》（GB 12525—1990）限值要求。但小区居民不服，继续向市环保局投诉。市环保局根据该项目环评批复中，关于周边区域声环境功能区达到 2 类的要求，再次委托监测机构对该铁路周边区域开展声环境质量监测。第二次按《铁路边界噪声限值及其测量方法》（GB 12525—1990）对铁路边界进行监测的同时，也按《声环境质量标准》（GB 3096—2008）附录 C 噪声敏感建筑物监测方法对小区进行监测，在小区靠近铁路侧的居民住宅户外 1m 处布点监测，监测结果超标。这一监测结果为小区居民进一步维权提供了有力的证据。

4.1.2 监 测 依 据

1）《铁路边界噪声限值及其测量方法》（GB 12525—1990）。
2）《声环境质量标准》（GB 3096—2008）附录 C。
3）《环境噪声监测技术规范 噪声测量值修正》（HJ 706—2014）。
4）高铁项目环评批复文件。

4.1.3 监 测 方 案

1. 主要声源分析

本案例中，铁路噪声主要为高铁通过时产生的脉冲式间断型噪声。铁路周边及小区内无其他明显声源。铁路距离最近的敏感点 120m 左右。

2. 执行标准分析

根据《铁路边界噪声限值及其测量方法》（GB 12525—1990），铁路边界噪声昼间和夜间限值均为 70 dB（A）。

根据高铁环评批复，铁路建设管理单位应确保周边指定区域达到《声环境质量标准》（GB 3096—2008）2 类声环境功能区标准，昼间限值为 60dB（A），夜间限值为 50 dB（A）。产生投诉的住宅小区就在指定区域之内。

3. 监测内容

1）在铁路正常运行时监测铁路边界噪声。

2）在铁路无机车通过时监测铁路边界测点的背景噪声。

3）在铁路正常运行时监测投诉小区的声环境质量。

4. 监测时间

1）监测时间选取高铁正常运行日，投诉人在家休息的时间段，昼间监测时间为 12:30～13:30、夜间为 22:30～23:30。没有高铁通过时，在铁路噪声监测点位同步进行背景噪声监测。

2）由于铁路边界噪声监测 1h，所以受铁路影响的敏感点声环境监测时长也为 1h。

5. 监测仪器

AWA5688 型多功能噪声分析仪（2 级）。

AWA6221B 型声校准器（2 级）。

测量前校准值为 93.8dB，测量后校验值为 93.8dB。

监测仪器均在检定有效期内。

6. 监测条件

测量时无雨雪、无雷电，风速为 0.9m/s。

7. 监测点位

铁路噪声监测：根据《铁路边界噪声限值及其测量方法》（GB 12525—1990）5.1 的要求，测点选在距离铁路外侧轨道中心线 30m 处的铁路边界，高于地面 1.2m，距离反射物不小于 1m 处。背景噪声监测点位与实测点一致，选择在没有机车通过时进行监测。本次布设了两个测点，即 1#和 2#测点。

敏感点监测：根据《声环境质量标准》（GB 3096—2008）附录 C 的要求，测点一般选在离声源最近的敏感建筑物户外。因此，选取小区距离铁轨最近的居民楼，在与铁轨水平高度一致的 20 楼住户窗户外 1m 处布点，声级计对准铁轨方向，即 3#测点。

具体布点情况见图 4.1。

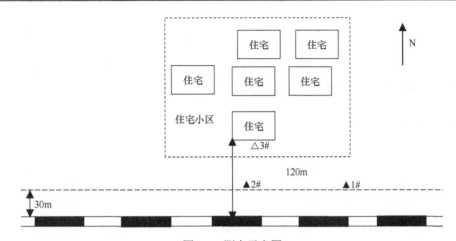

图 4.1　测点示意图

▲代表边界噪声测点，△代表敏感点噪声测点

8. 监测注意事项

1）为准确评价铁路边界噪声，应严格按规范扣除背景噪声。由于附近没有其他显著声源，背景噪声相对稳定。背景噪声测点与实测点在同一点位，使用两台设备与铁路噪声同步监测，背景噪声监测用累计方法，高铁通过时停止测量，通过后再启动。测量时间与铁路噪声一致，尽量保证背景噪声结果的准确性。

2）为客观评价铁路噪声对小区声环境质量的影响，小区业主委员配合监测机构对小区内其他声源进行了管控，将其他声源的影响降到了最低。

4.1.4　监　测　结　果

1. 监测期间高铁通过信息（结果见表 4.1）

表 4.1　列车数目统计

监测类别	监测时间	通过方向	车辆数量/辆
昼间	12:30～13:30	东行 8 辆/西行 5 辆	13
夜间	22:30～23:30	东行 3 辆/西行 1 辆	4

2. 铁路噪声监测结果

根据《铁路边界噪声限值及其测量方法》（GB 12525—1990）和《环境噪声监测技术规范 噪声测量值修正》（HJ 706—2014）进行背景修正，铁路边界噪声监测结果见表 4.2。

表 4.2　铁路边界噪声监测结果

序号	测点名称	监测时段	测量值 /［dB（A）］	背景值 /［dB（A）］	修正结果 /［dB（A）］	标准限值 /［dB（A）］	评价
1	铁路边界监测点 1#	昼间 12:30～13:30	69.1	54.4	69	70	达标
2	铁路边界监测点 2#		67.8	55.2	68	70	达标
3	铁路边界监测点 1#	夜间 22:30～23:30	63.1	45.2	63	70	达标
4	铁路边界监测点 2#		62.2	45.7	62	70	达标

注：铁路线路 2 股；测点与轨道之间的地面状况为水泥地面。

3. 环境噪声监测结果

根据《声环境质量标准》（GB 3096—2008）附录 C 的测量方法，居住区敏感建筑物户外声环境质量监测结果见表 4.3 和表 4.4。

表 4.3　有高铁通过时小区环境噪声

序号	测点名称	监测时段	测量值/［dB（A）］	修约结果/［dB（A）］	标准限值［/dB（A）］	评价
1	3#敏感点（居住区敏感建筑物户外）	昼间12:30～13:30	63.7	64	60	超标
2		夜间22:30～23:30	56.4	56	50	超标

表 4.4　没有高铁通过时小区环境噪声

序号	测点名称	监测时段	测量值/［dB（A）］	修约结果/［dB（A）］	标准限值/［dB（A）］	评价
1	3#敏感点（居住区敏感建筑物户外）	昼间12:30～13:30	58.7	59	60	达标
2		夜间22:30～23:30	48.4	48	50	达标

4.1.5　结 果 评 价

铁路边界噪声测量结果显示，昼间和夜间都符合《铁路边界噪声限值及其测量方法》（GB 12525—1990）中的限值要求。

小区声环境监测结果显示，铁路正常运行下的昼间和夜间均不符合铁路项目环评批复中要求达到的《声环境质量标准》（GB 3096—2008）2 类声环境功能区限值的要求，其中昼间超标 4dB（A），夜间超标 6dB（A）。同时在没有铁路噪声影响时，小区的昼夜和夜间的声环境质量符合《声环境质量标准》（GB 3096—2008）2 类声环境功能区限值的要求。

4.1.6　跟 踪 调 查

针对本案例，当地市政府早有文件规定，道路原因导致小区声环境不达标的，小区和道路谁建设谁承担治理责任。根据这一原则得出的责任归属方，与本案例中环评批复要求的责任归属方都是铁路的建设管理单位。因此当地生态环境主管部门报请上级，要求铁路建设管理单位承担小区的铁路噪声治理责任。

4.1.7　案 例 点 评

1）本案例在铁路边界噪声达标，但仍对周边居住区有噪声影响的情况下，参照环评批复要求对居住区实施声环境质量监测。

2）因本案例中受影响居住区距离铁路边界约 120m，超过 4b 类声环境功能区范围，所以无须明确该铁路是既有铁路，还是新建铁路。

3）本案例在实施监测时应明确所选择的监测时间是否为"接近其机车车辆运行平均密度的某一小时"。

作者信息：
李富明（东莞市环境监测中心站）
万开（东莞市环境监测中心站）
黄伟峰（东莞市环境监测中心站）

4.2 高速公路及环线交通噪声扰民监测

本节案例讲述了某高架高速公路及环线道路交通对临近高层居民楼的影响，现场调查、监测实际影响状况，使用模拟软件分析、佐证现场判定结果。

4.2.1 事件描述及主要声源分析

某环境监测机构受理一起高速公路交通噪声扰民的信访投诉案件，投诉人反映高速公路交通噪声干扰其正常生活，严重影响休息，投诉人要求对其受到影响的程度进行监测。

通过实地查看，投诉人住宅楼位于被投诉高速公路南侧，距离高速公路路肩约313m，被投诉高速公路为高架线路。投诉人的居住房间位于住宅楼15层。投诉人住宅楼与高架公路之间隔着一条主干路（地面线），主干路路肩距离投诉人住宅楼约144m。被投诉高速公路与主干路之间为绿化带，见图 4.2。根据现场调查，投诉人住宅受到北侧高速公路、主干路交通噪声的双重影响。

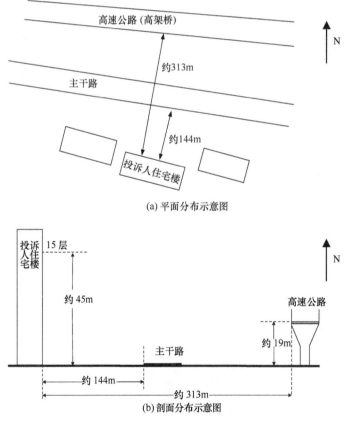

图 4.2 平面、剖面分布示意图

4.2.2　监测依据

1) 投诉人及信访部门交流单中的相关测试要求。
2)《声环境质量标准》(GB 3096—2008)。

4.2.3　监测方案

1. 执行标准分析

被投诉噪声属于《声环境质量标准》(GB 3096—2008) 规定的交通噪声源。根据该市声环境功能区划,该投诉业主生活的小区属于 2 类声环境功能区,且距离主干线超过 40m,投诉人住宅室外执行 2 类声环境功能区标准,昼间标准限值为 60 dB (A),夜间标准限值为 50dB (A)(表 4.5)。

2. 监测内容

1) 正常工作日监测投诉人住房室外声环境状况。
2) 记录高速公路、主干路的车流量。

3. 监测时间

1) 根据投诉人的时间安排,定于 17:00 至次日 17:00。根据现场调查结果,高速公路交通噪声为主要声源,但不能排除主干路的影响,因此,尽量选择主干路车流量较少时段进行监测。

表 4.5　环境噪声限值　　　　　　　　［单位: dB (A)］

声环境功能区类别	昼间	夜间
2 类区	60	50

2) 按照《声环境质量标准》(GB 3096—2008) 附录 C 的要求,昼、夜各测量不低于平均运行密度的 20min 的等效 A 声级。本案例选择昼间、夜间各监测两次,每次监测 1h,夜间监测选择在 22:00~24:00、24:00~6:00 两个时段各选择 1h。

4. 监测仪器

1) AWA6218A+型 2 级噪声统计分析仪。
2) AWA6221B 型 2 级声校准器。

5. 监测点位

根据现场调查,选择在对投诉人住房影响较大的北侧室外进行监测,见图 4.3。测点的布设征求了投诉人的意见。

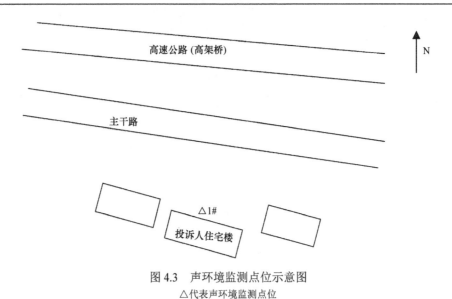

图 4.3　声环境监测点位示意图
△代表声环境监测点位

6. 监测条件

测试期间的测量条件符合标准要求，无雨雪、无雷电，风速为 2.0m/s。使用延伸电缆、测试杆将传声器设置在距离外墙超过 1m 的位置。

测前对声级计进行校准，校准值为 93.8dB，测后对声级计进行校验，校验值为93.7 dB，校准值与校验值之差小于 0.5 dB。

4.2.4　监 测 结 果

本次噪声监测结果见表 4.6。

表 4.6　噪声监测结果

监测开始时间	等效 A 声级 / [dB（A）]	车流量/（辆/h）			
		高速公路		主干路	
		大型	中小型	大型	中小型
10:00	64	864	744	372	1984
16:00	63	672	1494	198	1992
22:00	62	444	852	240	660
5:00	62	240	360	174	252

4.2.5　结 果 评 价

投诉人住宅昼间声级超过《声环境质量标准》（GB 3096—2008）中 2 类声环境功能区昼间限值为 60dB（A）的要求，两次监测结果分别超标 4dB（A）、3dB（A）；夜间声级超过《声环境质量标准》（GB 3096—2008）中 2 类声环境功能区夜间限值为 50dB（A）的要求，两次监测结果均超标 12dB（A）。

4.2.6　思　　考

道路交通噪声监测的依据是《声环境质量标准》（GB 3096—2008），不扣除背景噪声，即使在主干路车流量较少时段进行监测，得到的监测结果也不能排除主干路的影响，因此，本案例监测结果仅表明投诉人住宅室外交通噪声超过相应《声环境质量标准》（GB 3096—2008），但不能确定是由高速公路交通噪声引起的。

噪声预测技术能够进行声源分析，直观表征噪声传播规律，下一步可研究把噪声预测技术与噪声监测相结合来分析不同声源的贡献率。对于本案例，尝试使用模拟软件对高速公路噪声和主干路噪声的贡献进行分析和判断。对 15 层（45m）夜间声级分布进行预测计算，利用监测数据及实际车流量对模拟参数进行修正，计算得到单独受高速公路噪声影响和单独受主干路噪声影响时，15 层室外声级的大小，见图 4.4。由模拟软件计算结果可以看出，15 层面向道路一侧室外声环境主要受高速公路交通噪声的影响。

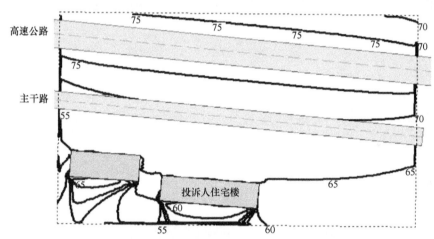

(a) 单独受高速公路噪声影响时15层 (45m)室外夜间声级

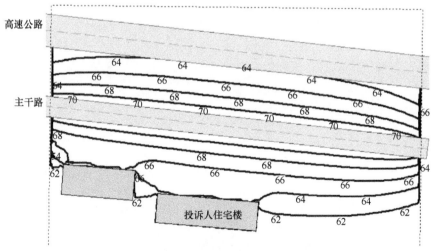

(b) 单独受主干路噪声影响时15层 (45m)室外夜间声级

图 4.4　投诉人住宅室外噪声预测结果 [单位：dB（A）]

4.2.7　案　例　点　评

　　模拟软件的计算结果仅为噪声治理提供参考，不作为监测结果评价内容。投诉者能通过主观感觉分辨出噪声是否来源于远端的高速公路，但监测中无法做到分别监测（交通干线不能停止），因此，采用模拟软件预测，计算出两条道路的贡献，为有的放矢地进行相关噪声治理提供技术依据。

　　该案例缺少对高速路和主干路车速、道路宽度等相关信息的描述，特别是在使用预测软件分析两条道路的贡献时，车速、道路宽度等信息必不可少。

作者信息：
孙宏波（天津市生态环境监测中心）

4.3　铁路噪声对居民楼影响监测

本节案例描述了铁路噪声对居民住宅楼的影响，主要依据相关标准判断所适用的区域类别，并对昼间、夜间室外环境噪声级和室内允许噪声声级进行了评价。

4.3.1　事件描述

某环境监测机构开展了一起投诉周边铁路噪声影响的扰民监测。该小区南侧紧邻两条高速铁路、一条普速铁路。投诉人所在的住宅楼与铁路的距离最近，约 60m。投诉人住宅位于 7 层。针对这种情况，在投诉人住宅内临铁路一侧房间进行了噪声监测。

4.3.2　监测依据

1）《声环境质量标准》（GB 3096—2008）。
2）《民用建筑隔声设计规范》（GB 50118—2010）中室内允许噪声级的规定。

4.3.3　监测方案

1. 主要声源分析

该项目周边环境中较为突出的污染源特征为南侧临两条高速铁路（营运时间均为 6:00～23:00）、一条普速铁路（24h 运行），所以昼间和夜间主要声源为铁路噪声。

2. 执行标准

根据该市声环境功能区划分规定，该投诉业主生活的小区处于 2 类声环境功能区。投诉人住宅楼与铁路外轨距离大于 60m，声环境质量执行《声环境质量标准》（GB 3096—2008）中 2 类声环境功能区标准，标准限值见表 4.7。

表 4.7　环境噪声限值

标准类别	昼间/［dB（A）］	夜间/［dB（A）］	依据
2 类区	60	50	《声环境质量标准》（GB 3096—2008）

《地面交通噪声污染防治技术政策》（环发[2010]7 号）中规定"因地面交通设施的建设或运行造成环境噪声污染，建设单位、运营单位应当采取间隔必要的距离、噪声源控制、传声途径噪声削减等有效措施，以使室外声环境质量达标；如通过技术经济论证，认为不宜对交通噪声实施主动控制的，建设单位、运营单位应对噪声敏感建筑物采取有效的噪声防护措施，保证室内合理的声环境质量。"

本案例进行室内噪声监测。室内允许噪声级执行《民用建筑隔声设计规范》（GB 50118—2010）中室内允许噪声级标准，昼间 45dB（A），夜间 37dB（A）。

3. 监测内容

室外环境噪声、室内允许噪声。

4. 监测时间

室内、室外连续监测 24h，测量每小时等效 A 声级。

5. 监测仪器

室外监测使用 AWA5680 型 2 级多功能声级计，室内监测使用 AWA6228 型 1 级多功能声级计。使用 BK4231 型 1 级声校准器。

测量前校准值为 93.8dB，测量后校验值为 93.8dB。

监测仪器均在检定有效期内。

6. 监测点位

按照《声环境质量标准》（GB 3096—2008）的要求，在投诉人住宅窗外 1m 处布设了室外声环境质量测点，记为 1#测点。按照《民用建筑隔声设计规范》（GB 50118—2010）对室内允许噪声级的规定，在室内布设了 1 个测点，记为 2#测点，见图 4.5。

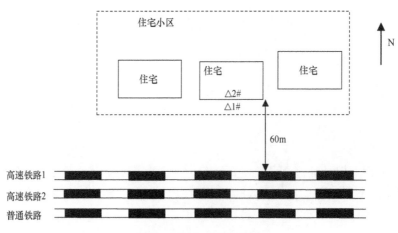

图 4.5　测点布设示意图

△代表敏感点噪声测点

7. 监测条件

测试期间的测量条件符合标准要求，无雨雪、无雷电，风速为 2.0m/s。

室内监测时门窗关闭，无其他噪声干扰，测点距离墙壁超过 0.5m，距离外窗超过 1m，距离地面 1.2m。

4.3.4　监测结果

室外环境噪声及室内允许噪声连续监测结果见表 4.8。

表 4.8 室外环境噪声及室内允许噪声连续监测结果

监测时段	$L_{eq}/$ [dB（A）]		监测时段	$L_{eq}/$ [dB（A）]	
	1#测点（窗外 1m）	2#测点（室内）		1#测点（窗外 1m）	2#测点（室内）
6:00～7:00	66.9	42.8	22:00～23:00	63.7	40.0
7:00～8:00	66.9	42.5	23:00～24:00	64.2	40.0
8:00～9:00	69.4	45.0	24:00～1:00	63.4	40.0
9:00～10:00	68.6	44.1	1:00～2:00	65.8	41.8
10:00～11:00	68.4	44.0	2:00～3:00	67.7	42.9
11:00～12:00	67.3	43.5	3:00～4:00	66.1	41.1
12:00～13:00	65.9	42.1	4:00～5:00	67.9	42.2
13:00～14:00	65.7	41.9	5:00～6:00	67.4	42.5
14:00～15:00	67.0	43.9	夜间等效 A 声级 L_n	66	41
15:00～16:00	64.5	41.2			
16:00～17:00	64.8	42.0			
17:00～18:00	62.7	40.1			
18:00～19:00	64.5	40.9			
19:00～20:00	62.0	38.4			
20:00～21:00	64.0	39.5			
21:00～22:00	62.3	38.7			
昼间等效 A 声级 L_d	66	42			

4.3.5 结 果 评 价

1#测点：昼间、夜间等效 A 声级均为 66dB（A），均超过《声环境质量标准》（GB 3096—2008）中 2 类声环境功能区昼间、夜间标准限值。

2#测点：昼间等效 A 声级为 42 dB（A），未超过《民用建筑隔声设计规范》（GB 50118—2010）中室内允许噪声级昼间标准限值；夜间等效 A 声级为 41 dB（A），超过《民用建筑隔声设计规范》（GB 50118—2010）中室内允许噪声级夜间标准限值。

4.3.6 案 例 点 评

铁路沿线噪声扰民采用《声环境质量标准》（GB 3096—2008）和《民用建筑隔声设计规范》（GB 50118—2010）等标准进行监测和评价值得借鉴，但监测时应同时记录运行的列车数。

作者信息：
张彩兰（天津市生态环境监测中心）

4.4　铁路边界噪声及敏感建筑物噪声监测

本节案例讲述了铁路边界噪声及周边受影响的居民区声环境质量监测，强调了测量时段的选择，不同类型监测点的监测方法的选择，调查铁路列车车辆运行密度，以确保铁路边界噪声测量结果的准确性。

4.4.1　事件描述

某监测机构接受委托，对海拉尔区某铁路进行委托监测，主要内容为铁路边界噪声及附近居民区的声环境质量监测。该监测机构派技术人员实地查看，按委托方要求，在铁路外侧距离轨道中心线 30m 处进行铁路边界噪声监测，在铁路外侧距离轨道中心线 50m、90m 居民楼室外 1m 处进行声环境质量监测。

该段铁路为 2010 年 12 月 31 日前已建成运营的既有铁路。根据该铁路的环境影响报告书及环评批复，铁路外侧距离轨道中心线 60m 范围内为 4b 类声环境功能区，铁路外侧距离轨道中心线 60m 范围外为 2 类声环境功能区（图 4.6）。

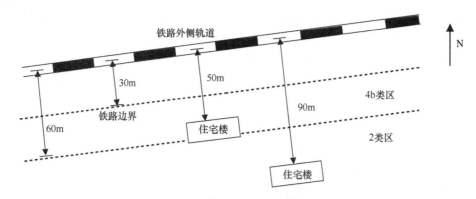

图 4.6　监测区域声环境功能区示意图

4.4.2　监测依据

1）《铁路边界噪声限值及其测量方法》（GB 12525—1990）修改方案（原环境保护部公告 2008 年第 38 号）中的规定。

2）《声环境质量标准》（GB 3096—2008）。

3）委托合同中的相关测试要求：按相关监测规范要求，在铁路外侧距离轨道中心线 30m 处进行铁路边界噪声监测，在铁路外侧距离轨道中心线 50m、90m 居民楼外进行声环境质量监测，在列车正常通过时段对铁路外侧距离轨道中心线 50m 居民楼处进行监测。

4.4.3 监 测 方 案

1. 主要声源分析

（1）列车声源

本次监测主要声源为铁路机车运行噪声及进站前鸣笛噪声。

根据委托方提供的列车时刻表，监测期间全部车辆运行情况见表 4.9。

表 4.9 列车日运行情况

项目	昼间	夜间	合计
列车数/列	67	19	86
1h 平均密度/（列/h）	4.19	2.38	3.58

本次监测选择的监测时间为 17:00～18:00，列车流量为 5 列；22:00～23:00，列车流量为 2 列。能够满足《铁路边界噪声限值及其测量方法》（GB 12525—1990）中"测量时间选在接近其机车车辆运行平均密度的某一小时"的要求。

监测时段列车运行情况见表 4.10。

表 4.10 监测时段列车运行情况

昼间					
序号	时间	列车类型	上行/下行	车厢数/个	状态
1	17:20	客车	下行	11	—
2	17:28	货车	上行	60	满载
3	17:36	货车	下行	58	满载
4	17:45	客车	上行	9	—
5	17:46	货车	下行	60	满载
夜间					
序号	时间	列车类型	上行/下行	车厢数/个	状态
1	22:18	货车	下行	60	满载
2	22:33	客车	上行	10	—

（2）居民区声源

2#监测点、3#监测点所处居民区主要为居民住宅，无工业企业分布，无工业企业噪声源分布，无城市主要交通道路分布，基本没有交通噪声源分布。居民区主要噪声源为居民生活噪声。

2. 监测内容

1）列车正常运行情况下，铁路边界噪声、背景噪声。

2）列车正常运行情况下，铁路沿线居民区声环境质量监测。

3. 监测点位

根据委托方的要求，结合监测规范确定了监测点位（表 4.11 和图 4.7）。

表 4.11　监测点位情况

监测点位	类型	监测点位布设	备注
1#	铁路边界噪声、背景噪声	距离铁路外侧轨道中心线 30m 处，高 1.2m，距离墙 1.0m。测点与轨道之间为土地，与轨面相对高度为 1.2m	
2#	声环境质量	距离铁路外侧轨道中心线 50m 处，高 1.2m，距离墙 1.0m	位于 4b 类声环境功能区
3#	声环境质量	距离铁路外侧轨道中心线 90m 处，高 1.2m，距离墙 1.0m	位于 2 类声环境功能区

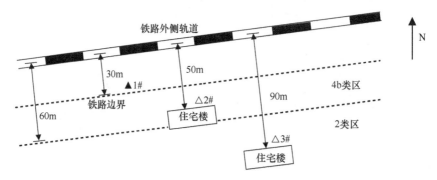

图 4.7　监测点位示意图
▲代表边界噪声测点，△代表敏感点处噪声测点

4. 气象条件

噪声监测期间的气象条件符合标准的要求，无雨雪、无雷电，风速为 1.7m/s。

5. 监测时间

（1）铁路边界噪声监测时段

根据列车时刻表，选择 17:00～18:00、22:00～23:00 这两个时段进行监测，每个时段连续监测 1h 的等效 A 声级。并在同一时段内进行背景噪声的监测。

（2）环境噪声监测时段

环境噪声监测时段与铁路边界噪声监测时段相同，选择 17:00～18:00、22:00～23:00 这两个时段进行监测，每个时段连续监测 1h 的等效 A 声级。

6. 测量方法

（1）铁路边界噪声的监测（1#测点）

按照《铁路边界噪声限值及其测量方法》（GB 12525—1990）的规定开展监测。
用一台声级计在机车正常通过时段进行监测，监测时间为 1h。
另外用一台声级计测量铁路边界背景噪声，记录在同一时段内无机车车辆通过时该测点的环境噪声，机车通过时测量暂停。

（2）声环境质量的监测（2#、3#测点）

按照《声环境质量标准》（GB 3096—2008）的规定开展监测。

1）2#测点。2#测点位于 4b 类声环境功能区，执行《声环境质量标准》（GB 3096—2008）5.3 中"铁路干线两侧不通过列车时的环境背景噪声限值。"同时，按委托方要求，在机车正常通过时段对 2#测点进行监测。

使用两台声级计同时测量 2#测点在机车通过和不通过时的环境噪声。用一台声级计在机车正常通过时段进行监测，监测时间为 1h。另外，用一台声级计测量铁路边界背景噪声，记录在同一时段内无机车车辆通过时该测点的环境噪声，机车通过时测量暂停。

2）3#测点。3#测点位于 2 类声环境功能区，在机车正常通过时段进行监测。

7. 背景噪声修正

根据《铁路边界噪声限值及其测量方法》（GB 12525—1990）中的规定："背景噪声应比铁路噪声低 10dB（A）以上，若两者声级差值小于 10dB（A），则按表 4.12 修正。"

表 4.12　噪声修正表　　　　［单位：dB（A）］

差值	3	4～5	6～9
修正值	−3	−2	−1

8. 监测结果执行标准分析

1）铁路边界执行《铁路边界噪声限值及其测量方法》（GB 12525—1990），即昼间≤70 dB（A）、夜间≤70 dB（A）。

2）2#测点（居民楼）执行《声环境质量标准》（GB 3096—2008）中 5.3 的规定："穿越城区的既有铁路干线两侧区域不通过列车时的环境背景噪声限值，按昼间 70dB（A）、夜间 55 dB（A）执行。"

3）3#测点（居民楼）执行《声环境质量标准》（GB 3096—2008）中 2 类声环境功能区环境噪声限值，即昼间≤60 dB（A）、夜间≤50dB（A）。

表 4.13　铁路监测执行标准　　　　［单位：dB（A）］

监测点位	执行标准		昼间	夜间
1#测点	《铁路边界噪声限值及其测量方法》（GB 12525—1990）		70	70
2#测点	《声环境质量标准》（GB 3096—2008）	5.3 的要求	70	55
3#测点		2 类区	60	50

9. 监测仪器

1）声级计：HS6288B 型多功能噪声分析仪 5 台，仪器级别为 2 级。

2）声校准器：HS6020 型声校准器，仪器级别为 2 级。

5 台声级计在测量前校准值均为 93.8 dB，测量后校验值均为 93.8 dB，符合监测前、后示值偏差小于 0.5dB 的要求。

本次监测使用仪器均在检定有效期内。

4.4.4 监测结果及评价

1. 铁路边界噪声监测结果及评价

根据《铁路边界噪声限值及其测量方法》（GB 12525—1990）中的测量结果修正表进行修正，噪声监测结果见表4.14。

1#测点铁路边界昼间、夜间噪声值均符合《铁路边界噪声限值及其测量方法》（GB 12525—1990）及修改方案的限值要求。

表4.14 铁路边界噪声监测结果

序号	点位名称	监测时段	等效A声级/[dB（A）]			执行标准（GB 12525—1990）及修改方案
			实测值	背景值	修正结果	
1	1#（距离铁路外侧轨道中心线30m处）	17:00～18:00	64.1	53.7	64	70
2		22:00～23:00	56.9	47.2	57	70

2. 环境噪声监测结果

（1）2#测点监测结果

1）2#测点环境背景噪声监测结果见表4.15。

表4.15 环境背景噪声监测结果

序号	点位名称	监测时段	等效A声级/[dB（A）]	修约结果/[dB（A）]	执行标准：《声环境质量标准》（GB 3096—2008）中的5.3
1	2#（距离铁路外侧轨道中心线50m处）	17:00～18:00	53.4	53	70
2		22:00～23:00	47.1	47	55

2#测点不通过列车时的昼间、夜间环境背景噪声值均达到《声环境质量标准》（GB 3096—2008）标准中5.3的要求。

2）按委托方要求，在机车正常通过时段对2#测点进行监测。

2#测点在机车正常通过时段噪声监测结果见表4.16。

表4.16 在机车正常通过时段噪声监测结果

序号	点位名称	监测时段	等效A声级/[dB（A）]	修约结果/[dB（A）]	执行标准
1	2#（距离铁路外侧轨道中心线50m处）	17:00～18:00	61.1	61	无
2		22:00～23:00	54.9	55	

2#测点在机车正常通过时段的噪声在《声环境质量标准》（GB 3096—2008）中并无相关标准要求。

（2）3#测点监测结果及评价

3#测点环境噪声监测结果见表4.17。

表 4.17　声环境质量监测结果

序号	点位名称	监测时段	等效 A 声级 /［dB（A）］	修约结果 /［dB（A）］	执行标准:《声环境质量标准》（GB 3096—2008）中 2 类声环境功能区
1	3#（距离铁路外侧轨道中心线 90m 处）	17:00～18:00	58.5	59	60
2		22:00～23:00	52.8	53	50

3#测点的昼间环境噪声测量值达到《声环境质量标准》（GB 3096—2008）中 2 类声环境功能区的限值要求；夜间环境噪声测量值超过《声环境质量标准》（GB 3096—2008）中 2 类声环境功能区的限值要求，夜间环境噪声超标 3 dB（A）。

4.4.5　后续监管建议

1. 监测监管建议

3#测点与 1#、2#测点距离较近，通过对 1#测点环境背景噪声、2#测点环境背景噪声进行分析，3#测点夜间环境噪声超标的主要原因为铁路噪声对其产生了影响。建议在对应的铁路边界安装隔声屏障，确保居民区环境噪声能够满足《声环境质量标准》（GB 3096—2008）2 类声环境功能区的限值要求。

2. 关于对监测方法的思考

1）通过对 2#测点和 3#测点的监测值进行对比可知，2#测点虽然距离铁路较 3#测点近，但其监测值要比 3#测点小（表 4.18）。

表 4.18　2#、3#测点监测值对比表

项目	2#测点	3#测点
与铁路外侧轨道中心线距离	50m	90m
昼间监测值/［dB（A）］	53.4	58.5
夜间监测值/［dB（A）］	47.1	52.8

按《声环境质量标准》（GB 3096—2008）的相关规定，在不通过列车时对 2#测点（位于 4b 类声环境功能区）进行监测，在列车正常通过时段对 3#测点（位于 2 类声环境功能区）进行监测。

2）2#测点在有列车通过时及无列车通过时的监测值对比见表 4.19。

表 4.19　2#测点有无列车通过时监测值对比表

监测状态	有列车通过时	无列车通过时
昼间监测值/［dB（A）］	61.1	53.4
夜间监测值/［dB（A）］	54.9	47.1

虽然按《声环境质量标准》（GB 3096—2008）中 5.3 的要求，2#测点在无列车通过时的背景噪声监测值能够达标，但从有列车通过时的监测值来看，列车通过时的噪声对

2#测点居民楼的影响还是比较明显的，噪声主要贡献为铁路噪声。《声环境质量标准》（GB 3096—2008）未对既有铁路 4b 类区有列车通过的情况做明确规定。

4.4.6　案 例 点 评

1. 借鉴之处

1）监测前监测人员对列车运行密度进行了调查，从而确定合理的监测时段。同时针对测点所处的功能区，对不同类型、不同功能区的测点选择了相对应的监测方法。

2）所有测点同步进行监测，确保监测数据的可比性和真实性。

2. 改进建议

1）对于位于 4b 类区的监测点，要求在不通过列车时对其进行测量。测得的结果不能完全反映监测点的实际声环境质量情况，特别是当列车运行密度较大时，列车的运行噪声对监测点的影响较大。建议将来在修订《声环境质量标准》（GB 3096—2008）时在关于 4b 类区的规定中增加列车正常运行时的声环境质量监测。

2）在进行背景噪声监测时，采取"手动暂停方式"进行监测，使用这种方法时，监测人员的个人感官（列车驶来时什么时候会对监测产生影响、列车驶离时什么时候对监测的影响会消失）会对监测结果有一定的影响。

作者信息：
苗春雷（呼伦贝尔市环境监测中心站）

第 5 章   建筑施工噪声监测案例

5.1   建筑工地昼间噪声扰民监测

本节案例为建筑工地施工对居民楼的噪声影响信访监测，重点在对监测时间的选择，强调了在施工噪声监测时应按照实际工况进行测量，在测点的选择上主要以信访对象为目标进行布点。在排除目标声源以外的噪声后进行测量，以确保监测数据的真实可靠。建筑施工工地在其现有施工设备及工艺条件下，无法有效避免其噪声的产生，还应通过沟通及行政管理手段降低施工噪声污染对周边居民区的影响。

5.1.1   事 件 描 述

某环境监测机构开展了建筑工地施工噪声扰民监测。该建筑工地位于社区内，工地北侧为道路，西侧和南侧为社区居民楼，东侧为商务办公楼。投诉人住宅位于工地南侧居民楼西侧单元 2 楼（图 5.1）。建筑工地四周为实心围墙，高约 2.5m。北侧沿街有工地大门，西侧近小区道路处有一铁质栅栏小门，南侧围墙处有堆积物。

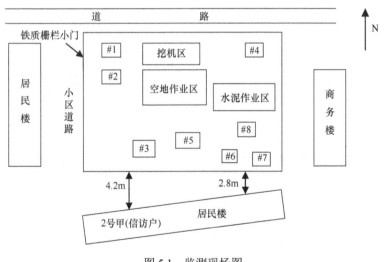

图 5.1   监测现场图

5.1.2   监 测 依 据

《建筑施工场界环境噪声排放标准》（GB 12523—2011）；《环境噪声监测技术规范 噪声测量值修正》（HJ 706—2014）。

5.1.3　监测方案

1. 主要声源分析

该工地声源为施工工地场界内的设施及工艺，主要有空地作业（搬运及钢筋切割）、水泥装卸、静压桩打桩机运转及局部挖掘作业产生的噪声。

其中，空地作业、水泥装卸为间歇性作业，静压桩打桩机及挖掘作业为持续性作业。

2. 执行标准分析

执行标准依据《建筑施工场界环境噪声排放标准》（GB 12523—2011）中规定的场界噪声不得超过表 5.1 所规定的限值。

表 5.1　建筑施工场界环境噪声排放限值　　　　　［单位：dB（A）］

昼间	夜间
70	55

3. 监测内容

1）实测值：测量其场界内正常施工状态下各类施工工艺产生的噪声。

2）背景值：测量其场界内无施工状态下的环境噪声背景值。

4. 监测时间

居民投诉为昼间建筑施工噪声污染，因此选择在昼间监测。

实测值测量时间：建筑工地施工期间连续测量 20min 等效 A 声级。

背景值测量时间：因为社区环境偶尔会受到远处交通噪声及社会生活噪声的影响，因此，很难认定其为稳态环境噪声，为使背景值测量与实测值测量的声源尽量保持一致，背景值测量时间选择 20min。

5. 监测仪器

声级计：AWA6218 型噪声统计分析仪（2 级）。

校准器：AWA6221 型声校准器（1 级）。

风速仪：EDK-1A 手持式风向风速仪。

测量前校准值为 93.8dB，测量后校验值为 93.8dB。

监测仪器均在检定有效期内。

6. 监测点位

经现场踏勘，结合信访投诉方诉求，进行以下测点布设（图 5.2）。

《建筑施工场界环境噪声排放标准》（GB 12523—2011）5.3.1 测点布设规定，应根据施工场地周围噪声敏感建筑物位置和声源位置的布局，将测点设在对噪声敏感建筑物影响较大、距离较近的位置。原则上应布设在南侧围墙外 1m 的厂界测点，由于南侧围

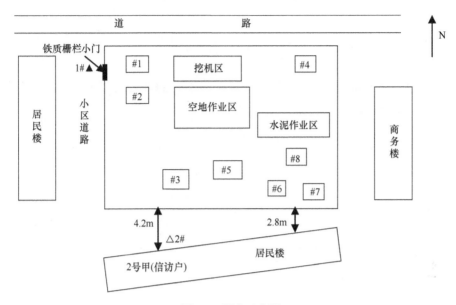

图 5.2　测点示意图
▲代表场界测点，△代表敏感建筑物测点

墙外有堆积物，无法对其布设场界测点，因此，选择的测点位于西侧场界外 1m，高度约为 1.5m，该测点正对#2 静压桩及空地作业区，围墙为铁质栅栏小门。当建筑工地界内施工时，此处为该建筑施工场界噪声最大处。

投诉人住宅位于南侧居民楼，所以应在靠近投诉人住宅楼的一侧场界布设测点。施工工地南侧场界处有围墙，且投诉方位于居民楼 2 号甲 2 楼，南侧围墙处有堆积物，且与 2 号居民楼间距过短（图 5.2），无法在南侧围墙处布设场界测点。根据《建筑施工场界环境噪声排放标准》（GB 12523—2011）5.3.2.2 的规定："当场界无法测量到声源的实际排放时，如：声源位于高空、场界有声屏障、噪声敏感建筑物高于围墙等情况，测点可设在噪声敏感建筑物户外 1m 处的设置。"因此，选择在 2 号甲居民楼 2 层北窗外 1m 设置敏感建筑物测点（2#）。

声源：#1～#8 为打桩机（静压桩），水泥作业区有水泥装卸机灌装声，空地作业区有切割、搬运声，挖机区有挖掘机作业声。

7. 监测条件

经现场征询信访投诉方，该工地主要施工情况为静压桩施工及水泥装卸。后与该施工工地负责人进行沟通，确认其场界内的施工状态。

其中打桩位置（静压桩）有 8 处，编号分别为#1～#8，因水泥浇灌量等的影响，同时施工的打桩机（静压桩）最多 4 根，监测期间施工的打桩机（静压桩）为#2、#3、#7、#8。

实测时，协调施工方进行空地作业（钢筋切割），水泥搅拌装卸，挖掘车挖土作业与静压桩#2、#3、#7、#8 同时作业。

背景测量时则停止施工场界内所有相关作业。

测试期间的测量条件符合标准要求，无雨雪、无雷电，风速为 1.1m/s。

5.1.4　监　测　结　果

根据《建筑施工场界环境噪声排放标准》（GB 12523—2011）中的测量结果修正表进行修正，现场噪声监测结果见表 5.2。

表 5.2　现场噪声监测结果表

测点	测点位置	主要噪声源	监测时段	L_{eq}［dB（A）］		
				实测值	背景值	修正结果
1#	建筑工地西场界外 1m（高于围墙 0.5m）	工地施工	昼间	70.8	55.0	**71**
2#	东安一村 2 号甲 2 层窗外 1m	工地施工	昼间	73.2	55.0	**73**

注：背景值修正依据《环境噪声监测技术规范 噪声测量值修正》（HJ 706—2014）的相关规定执行。

5.1.5　结　果　评　价

场界测点（1#）昼间时段超过执行标准《建筑施工场界环境噪声排放标准》（GB 12523—2011）所规定的昼间 70dB（A）的标准。

敏感建筑物测点（2#）昼间时段超过执行标准《建筑施工场界环境噪声排放标准》（GB 12523—2011）所规定的昼间 70dB（A）的标准。

5.1.6　思　　考

施工工地噪声经常无法避免，特别是水泥装卸、灌装，静压桩打桩、切割搬运等产生噪声的施工工艺。生态环境部门通过与施工工地沟通协商，建议其在施工作业时，将靠近敏感建筑物的产生噪声的施工工艺在短时期内集中施工，以减少噪声影响的时间，同时封闭西侧围墙处铁质栅栏小门。

静压桩每次施工不超过 3 根，合理布局施工场内可移动的施工工艺，使空地作业区和水泥作业区尽量靠近道路、远离居民楼。中午休息时间，停止施工 2h，保障周边居民区的休息时间。并将此沟通信息反馈给投诉方，得到投诉方的谅解和认可。

5.1.7　案　例　点　评

建筑施工监测时，工况很难保证，本案例提到的保证足够工况的监测条件较合理。

当敏感建筑物高于围墙时，测点可布设在敏感建筑物户外 1m 处。

本次监测的目的是针对特定住户的投诉，测点应围绕投诉住宅进行布设。

作者信息：

顾伟伟（上海市环境监测中心）

5.2　建筑工地夜间施工噪声扰民监测

本节案例讲述了某建筑工地施工设备对附近住宅产生噪声的影响，强调了测量时要求建筑工地正常施工，并在测点附近营造了降低其他噪声干扰的环境，以确保测量数据准确可靠。

5.2.1　事件描述

某市环保局辖区分局受理一起某小区居民投诉毗邻某建筑工地夜间施工噪声扰民的案件，反映该建筑工地夜间施工噪声干扰居民正常休息。监测机构现场勘查人员发现，投诉居民所在的居民楼西侧与该建筑工地毗邻，两者相距 10m 左右，现场平面布置、纵向剖面布置图见图 5.3 和图 5.4。

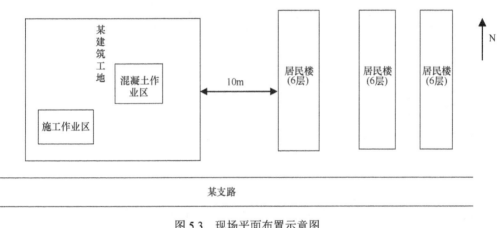

图 5.3　现场平面布置示意图

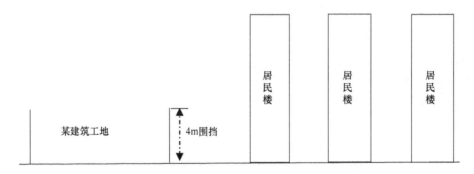

图 5.4　现场纵向剖面布置示意图

5.2.2　监测依据

1）根据环境管理部门执法监督监测通知单的要求，对该建筑工地实施夜间场界噪声监测。

2)《建筑施工场界环境噪声排放标准》（GB 12523—2011）。

5.2.3 监测方案

1. 主要声源分析

该建筑工地施工场地位于投诉居民所在的居民楼西侧，与之毗邻，建筑工地场界设立围挡，施工期间使用的水泥罐车、振捣车等大型设备作业产生噪声，属于非稳态噪声，对该小区居民楼居民生活环境产生影响，尤其是夜间影响显著。本次监测的主要声源是该建筑工地使用大型设备作业时产生的噪声。

2. 执行标准分析

该案件为执法监督监测，属于《建筑施工场界环境噪声排放标准》（GB 12523—2011）规定的建筑施工噪声。建筑施工场界环境噪声排放限值见表 5.3。

表 5.3　建筑施工场界环境噪声排放限值　　　　　［单位：dB（A）］

昼间	夜间
70	55

注：夜间噪声最大 A 声级超过限值的幅度不得高于 15 dB（A）。

3. 监测内容

在建筑施工正常作业状态下测量排放噪声，同时监测最大 A 声级。

要求建筑工地停止施工作业时测量背景噪声。

4. 监测时间

依据相关法律及监测标准规定，监测时间安排在夜间 22:00 后。

噪声源为非稳态噪声，根据监测标准，监测时长为 20min。

5. 监测仪器

AWA6228+型 1 级多功能噪声分析仪。

AWA6221A 型 1 级声校准器。

监测设备及校准设备均通过省级计量部门的检定，并在有效期内。

6. 监测点位

根据现场调查，在该建筑工地场界外 1m，高于围挡 0.5m 处设两个监测点位，测点见图 5.5。

7. 监测条件

根据监测需要，本次监测联系了交警部门，在测试期间请交警部门配合协调实施临时的交通管制措施，限制建筑工地南侧城市某支路车辆通行，排除道路交通噪声干扰。

测试期间的测量条件符合标准要求，无雨雪、无雷电，风速为 1.0m/s。

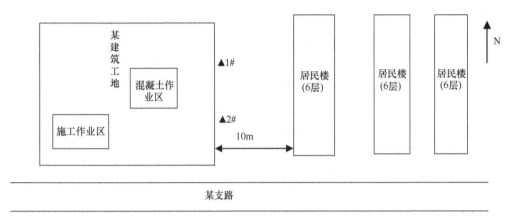

图 5.5　噪声监测点位示意图
▲代表监测点位

测前对声级计校准，校准值为 93.8dB，测后对声级计校验，校验值为 93.7 dB，校准值与校验值之差小于 0.5dB。

5.2.4　监　测　结　果

根据《建筑施工场界环境噪声排放标准》（GB 12523—2011）中的测量结果修正表进行修正，噪声监测数据见表 5.4。

表 5.4　噪声监测数据表

序号	测点编号	监测时段	等效 A 声级/［dB（A）］			最大 A 声级/［dB（A）］	
			实测值	背景值	修正/修约结果	实测值	修约结果
1	1#	夜间（22:55）	66.3	45.9	66	79.8	80
2	2#	夜间（23:37）	65.2	46.0	65	80.2	80

5.2.5　结　果　评　价

1#测点超过《建筑施工场界环境噪声排放标准》（GB 12523—2011）中夜间建筑施工场界环境噪声排放限值为 55 dB（A）的要求，超标 11dB（A）；最大 A 声级高于排放限值 25 dB（A），不符合夜间噪声最大 A 声级超过限值的幅度不得高于 15 dB（A）的规定。

2#测点超过《建筑施工场界环境噪声排放标准》（GB 12523—2011）中夜间建筑施工场界环境噪声排放限值为 55 dB（A）的要求，超标 10dB（A）；最大 A 声级高于排放限值 25 dB（A），不符合夜间噪声最大 A 声级超过限值的幅度不得高于 15 dB（A）的规定。

5.2.6　跟　踪　调　查

某环境监测机构在第一时间出具了监测报告，移交给环境管理部门。通过跟踪调查，某市环保局辖区分局监察部门对该建筑工地的施工企业下达行政处罚令，同时责令该企业禁止在夜间进行产生环境噪声污染的建筑施工作业。

5.2.7　案　例　点　评

该案例通过对某建筑工地夜间施工噪声进行监测，采用交通管制措施，解决了对测点周边其他噪声干扰测量的问题，保障了监测数据的科学、准确。

该案例在监测期间对工况的描述略显不足，同时也是施工噪声监测的难点。

当敏感建筑物高于围墙时，测点可布设在敏感建筑物户外 1m 处，在敏感建筑物外同时布设点位、同步实施监测则更佳。

作者信息：
芦志广（沈阳市生态环境局皇姑分局环境监测站）

附 录

关于居民楼内生活服务设备产生噪声适用环境保护
标准问题的复函（环函[2011]88号）

一、《中华人民共和国环境噪声污染防治法》（以下简称《噪声法》）未规定由环境保护行政主管部门监督管理居民楼内的电梯、水泵和变压器等设备产生的环境噪声。处理因这类噪声问题引发的投诉，国家法律、行政法规没有明确规定的，适用地方性法规、地方政府规章；地方没有明确作出规定的，环境保护行政主管部门可根据当事人的请求，依据《民法通则》的规定予以调解。调解不成的，环境保护行政主管部门应告知投诉人依法提起民事诉讼。

二、《工业企业厂界环境噪声排放标准》（GB 12348—2008）和《社会生活环境噪声排放标准》（GB 22337—2008）都是根据《噪声法》制定和实施的国家环境噪声排放标准。这两项标准都不适用于居民楼内为本楼居民日常生活提供服务而设置的设备（如电梯、水泵、变压器等设备）产生噪声的评价，《噪声法》也未规定这类噪声适用的环保标准。

二〇一一年四月七日

关于风力发电机噪声监测执行标准有关问题的复函
（环函[2002]156 号）

辽宁省环境保护局：

你局《关于农村居住地风力发电机噪声监测问题的请示》（辽环函[2002]91 号）收悉。经研究，函复如下：

一、风力发电机的噪声监测应在其正常工况下进行，《工业企业厂界噪声监测方法》（GB12349-90）中关于"企事业单位噪声的监测应在无雨、无雪的气候中进行，风力为5.5m/s 以上时停止测量"的规定不适用于风力发电机的噪声监测。

二、在测量风力发电机噪声时，应在噪声测量仪上安装专用装置，消除风力对噪声测量仪的影响，同时应考虑由于风力造成的背景噪声对测量结果的影响。

二〇〇二年六月六日

上海市社会生活噪声污染防治办法
上海市人民政府令第 94 号

《上海市社会生活噪声污染防治办法》已经 2012 年 11 月 26 日市政府第 157 次常务会议通过，现予公布，自 2013 年 3 月 1 日起施行。

市长韩正

2012 年 12 月 5 日

上海市社会生活噪声污染防治办法
（2012 年 12 月 5 日上海市人民政府令第 94 号公布）

第一条（目的和依据）

为了防治社会生活噪声污染，保护和改善生活环境，根据《中华人民共和国环境噪声污染防治法》、《中华人民共和国治安管理处罚法》等有关法律、法规规定，结合本市实际，制定本办法。

第二条（适用范围）

本办法适用于本市行政区域内社会生活噪声污染的防治。

第三条（监管部门）

市和区（县）环境保护行政管理部门（以下统称环保部门）负责本行政区域内社会生活噪声污染防治的监督管理。

公安机关按照法定职责，对制造社会生活噪声干扰他人正常生活的行为实施行政处罚。

本市规划、建设、工商、文化、城管执法、房屋管理、教育、体育、绿化市容等有关行政管理部门按照各自职责和本办法的规定，协同实施本办法。

第四条（噪声源头控制要求）

市和区（县）规划行政管理部门在组织编制城乡规划时，应当根据各类社会生活噪声可能对周围环境造成的影响，合理确定规划布局。

市建设行政管理部门在制定建筑设计规范时，应当明确噪声敏感建筑物的隔声设计要求。噪声敏感建筑物竣工验收时，隔声设计要求的落实情况应当作为验收内容之一。

第五条（易产生噪声污染的商业经营活动的控制）

在噪声敏感建筑物集中区域内，不得从事金属切割、石材和木材加工等易产生噪声污染的商业经营活动。

在住宅楼及其配套商业用房、商住综合楼内以及住宅小区、学校、医院、机关等周围，不得开设卡拉 OK 等易产生噪声污染的歌舞娱乐场所。

第六条（商业经营活动中有关设施的噪声防治）

沿街商店的经营管理者不得在室外使用音响器材招揽顾客；在室内使用音响器材招揽顾客的，其边界噪声不得超过国家规定的社会生活环境噪声排放标准。

在噪声敏感建筑物集中区域内，不得举行可能产生噪声污染的商业促销活动。在其他区域举行使用音响器材的商业促销活动，产生噪声干扰周围居民生活的，所在地环保部门应当要求其采取噪声控制措施。

在商业经营活动中使用冷却塔、抽风机、发电机、水泵、空压机、空调器和其他可能产生噪声污染的设施、设备的，经营管理者应当采取有效的噪声污染防治措施，使边界噪声不超过国家规定的社会生活环境噪声排放标准。

第七条（公共场所噪声控制一般要求）

每日 22 时至次日 6 时，在毗邻噪声敏感建筑物的公园、公共绿地、广场、道路（含未在物业管理区域内的街巷、里弄）等公共场所，不得开展使用乐器或者音响器材的健身、娱乐等活动，干扰他人正常生活。

除前款规定时段外的其他时间，在上述场所开展健身、娱乐等活动的，不得使用带有外置扩音装置的音响器材，干扰他人正常生活。但依据国家有关规定经文化行政管理部门、公安机关等有关行政管理部门批准的文艺演出等活动除外。

第八条（特定公共场所噪声控制要求）

对于健身、娱乐等活动噪声矛盾突出的公园，公园管理者可以会同乡（镇）人民政府或者街道办事处，在区（县）环保、公安等相关管理部门的指导下，组织健身、娱乐等活动的组织者、参与者以及受影响者制定公园噪声控制规约；通过合理划分活动区域、错开活动时段、限定噪声排放值等方式，避免干扰周围生活环境。必要时，公园管理者可以依法调整园内布局，设置声屏障、噪声监测仪等设施。

对于健身、娱乐等活动噪声矛盾突出的公共绿地、广场、道路等特定公共场所，所在地乡（镇）人民政府、街道办事处可以在区（县）环保、公安等相关管理部门的指导下，组织健身、娱乐等活动的组织者、参与者以及受影响者制定噪声控制规约，合理限定活动范围、活动规模、噪声排放值等。

健身、娱乐等活动的组织者、参与者应当遵守相关噪声控制规约的要求。违反噪声控制要求的，公安机关可以作为认定是否干扰他人正常生活的依据之一。

第九条（车辆防盗报警装置噪声污染防治）

在噪声敏感建筑物集中区域内，车辆防盗报警装置以鸣响方式报警后，车辆使用人应当及时处理，避免长时间鸣响干扰周围生活环境。

第十条（住宅小区公用设施噪声污染防治）

新建住宅小区时，建设单位应当采取措施，使供水、排水、供热、供电、中央空调、电梯、通风等公用设施排放的噪声符合国家规定的社会生活环境噪声排放标准。

新建住宅销售时，房地产开发企业应当在销售合同中明示住宅小区内有关公用设施以及配套商业用房的噪声污染源以及防治情况；毗邻建筑物内有噪声源对住宅小区产生影响的，应当一并明示。

既有住宅小区内公用设施排放的噪声不符合社会生活环境噪声排放标准的，公用设施所有权人应当采取有效措施进行治理。环保部门、房屋行政管理部门应当加强对住宅小区公用设施噪声污染防治的指导和监督。

住宅小区噪声污染防治情况应当纳入文明小区测评体系。

第十一条（家庭娱乐活动、宠物噪声污染防治）

居民使用家用电器、乐器或者进行其他家庭娱乐活动的，应当控制音量或者采取其他有效措施，避免制造噪声干扰他人正常生活。

宠物饲养人或者管理人应当采取有效措施，避免宠物发出的噪声干扰他人正常生活。

受噪声影响的居民可以向业主委员会、物业服务企业反映，业主委员会、物业服务企业应当依照住宅小区业主管理规约进行调处。

第十二条（装修噪声污染防治）

每日 18 时至次日 8 时以及法定节假日（不含双休日）全天，不得在已交付使用的住宅楼内进行产生噪声的装修作业。在其他时间进行装修作业的，应当采取噪声防治措施，避免干扰他人正常生活。

住宅小区业主管理规约可以根据实际情况，约定严于前款规定的限制装修的时间。

第十三条（学校噪声污染防治）

噪声敏感建筑物集中区域内的学校不得使用产生高噪声的音响器材。市环保部门应当会同市教育行政管理部门对学校使用音响器材进行指导。

第十四条（投诉）

任何单位和个人都有保护环境不受噪声污染的义务，并有权对产生社会生活噪声污染的行为向环保部门和公安机关投诉、举报。

环保部门、公安机关对噪声污染的投诉、举报，应当及时进行处理，并将处理结果告知当事人。

第十五条（调解机制）

对因社会生活噪声产生的纠纷，区（县）环保部门、乡（镇）人民政府、街道办事处可以根据当事人的申请进行调解。

居（村）民委员会应当协助所在地人民政府及相关部门对影响社区的社会生活噪声污染实施治理。噪声污染纠纷的当事人可以向居（村）民委员会设立的人民调解委员会申请调解；人民调解委员会也可以主动调解。

第十六条（城管巡查）

城管执法部门在日常巡查时，发现沿街商店的经营管理者和在公共场所开展健身、娱乐等活动的组织者、参与者，有违反本办法规定的行为的，应当及时予以劝阻；拒不听从劝阻的，告知公安机关处理。

第十七条（监督检查）

环保部门、公安机关有权对排放社会生活噪声的场所进行现场监督检查。被检查的单位应当予以配合，如实反映噪声污染防治情况，并提供必要的资料。

第十八条（环保部门行政处罚规定）

违反本办法，有下列行为之一的，由环保部门责令限期改正，按照下列规定进行处罚：

（一）违反本办法第五条第一款规定，在噪声敏感建筑物集中区域内从事金属切割、石材和木材加工等商业经营活动的，处以 1 万元以上 5 万元以下的罚款；

（二）违反本办法第六条第三款规定，因商业经营活动使用设施、设备导致边界噪声超过国家规定的社会生活环境噪声排放标准的，处以 3000 元以上 3 万元以下的罚款。

第十九条（公安机关行政处罚规定）

违反本办法，有下列行为之一的，由公安机关按照《中华人民共和国治安管理处罚法》第五十八条的规定，处以警告；警告后不改正的，处以 200 元以上 500 元以下的罚款：

（一）违反本办法第六条第一款规定，在室外使用音响器材招揽顾客的；

（二）违反本办法第七条规定，在禁止时段开展使用乐器或者音响器材的健身、娱乐等活动的，或者使用带有外置扩音装置的音响器材举行健身、娱乐等活动的；

（三）违反本办法第十二条第一款规定，有居民投诉噪声干扰并经居民委员会、业主委员会或者物业服务企业证实的，或者有其他证据可以证实该噪声干扰他人正常生活的。

第二十条（侵权责任）

受到社会生活噪声污染侵害的单位和个人，可以要求行为人停止侵害、消除危险、排除妨碍、赔偿损失。当事人对侵害自己合法权益的行为，可以依法向人民法院提起诉讼。

第二十一条（行政责任）

环保部门、公安机关的工作人员在社会生活噪声污染防治监督管理工作中，对投诉、举报的违法行为不予查处的，由其所在单位或者有关部门依法给予警告、记过、记大过处分；情节严重的，给予降级或者撤职处分。

第二十二条（施行日期）

本办法自 2013 年 3 月 1 日起施行。1986 年 2 月 25 日上海市人民政府发布的《上海市固定源噪声污染控制管理办法》同时废止。

附：

1.《中华人民共和国环境噪声污染防治法》有关条款

第四十一条

本法所称社会生活噪声，是指人为活动所产生的除工业噪声、建筑施工噪声和交通运输噪声之外的干扰周围生活环境的声音。

第六十三条

本法中下列用语的含义是：

（一）"噪声排放"是指噪声源向周围生活环境辐射噪声。

（二）"噪声敏感建筑物"是指医院、学校、机关、科研单位、住宅等需要保持安静的建筑物。

（三）"噪声敏感建筑物集中区域"是指医疗区、文教科研区和以机关或者居民住宅为主的区域。

2.《中华人民共和国治安管理处罚法》有关条款

第五十八条

违反关于社会生活噪声污染防治的法律规定，制造噪声干扰他人正常生活的，处警告；警告后不改正的，处二百元以上五百元以下的罚款。